Scharfer, Philip

Zum Stofftransport in Brennstoffzellenmembranen

Untersuchungen mit Hilfe der konfokalen Mikro-Raman-Spektroskopie

AF 388320

Zum Stofftransport in Brennstoffzellenmembranen

Untersuchungen mit Hilfe der konfokalen Mikro-Raman-Spektroskopie

Zum Stofftransport in Brennstoffzellenmembranen

Untersuchungen mit Hilfe
der konfokalen Mikro-Raman-Spektroskopie

von
Philip Scharfer

Dissertation, Universität Karlsruhe (TH)
Fakultät für Chemieingenieurwesen und Verfahrenstechnik
Tag der mündlichen Prüfung: 24. Juli 2009

Impressum

Karlsruher Institut für Technologie (KIT)
KIT Scientific Publishing
Straße am Forum 2
D-76131 Karlsruhe
www.uvka.de

KIT – Universität des Landes Baden-Württemberg und nationales
Forschungszentrum in der Helmholtz-Gemeinschaft

Diese Veröffentlichung ist im Internet unter folgender Creative Commons-Lizenz
publiziert: http://creativecommons.org/licenses/by-nc-nd/3.0/de/

KIT Scientific Publishing 2009
Print on Demand

ISBN: 978-3-86644-432-4

Zum Stofftransport in Brennstoffzellenmembranen

- Untersuchungen mit Hilfe der konfokalen Mikro-Raman-Spektroskopie -

Zur Erlangung des akademischen Grades eines

DOKTORS DER INGENIEURWISSENSCHAFTEN (Dr.-Ing.)

der Fakultät für Chemieingenieurwesen und Verfahrenstechnik der
Universität Fridericiana Karlsruhe (TH)

genehmigte

DISSERTATION

von

Dipl.-Ing. Philip Scharfer

aus Köln

Referent:	Prof. Dr.-Ing. Matthias Kind
Korreferent:	Prof. Dr.-Ing. Rainer Reimert
Tag der mündlichen Prüfung:	24. Juli 2009

Vorwort

Die vorliegende Arbeit entstand während meiner Tätigkeit als wissenschaftlicher Mitarbeiter am Institut für Thermische Verfahrenstechnik der Universität Karlsruhe (TH) in der Zeit von 2004 bis 2008. Ich habe die Zeit am Institut sehr genossen, und möchte mich bei all denen bedanken, die mich bei meinen Forschungsarbeiten unterstützt und begleitet haben.

Zuallererst danke ich meinem Doktorvater Prof. Dr.-Ing. Matthias Kind, dem Leiter des Instituts, für die hervorragenden Rahmenbedingungen und das Vertrauen, das er in mich und meine Arbeit gesetzt hat. Herrn Prof. Dr.-Ing. Rainer Reimert danke ich für sein Interesse und die Übernahme des Korreferats.

Weiterhin möchte ich mich bei Prof. Dr.-Ing. Wilhelm Schabel bedanken; durch gemeinsame Besuche beim Max-Planck-Institut in Magdeburg und der DLR in Stuttgart war er zusammen mit Herrn Prof. Dr.-Ing. Dr. h.c. mult. Ernst-Ulrich Schlünder, dem ich ebenfalls zu Dank verpflichtet bin, maßgeblich an der Initiierung meiner Doktorarbeit beteiligt.

Meinen Bürokollegen Prof. Dr.-Ing. Volker Gnielinski und Dipl.-Ing. Max Müller danke ich für die schöne Zeit am Institut, Herrn Gnielinski für die spannenden Anekdoten aus vergangenen Tagen und meinem langjährigen Freund Max Müller für die unzähligen Stunden beim Lernen während des Studiums und beim Forschen während der Promotion. Allen anderen derzeitigen und ehemaligen Kollegen danke ich für das angenehme Institutsklima.

Herrn Prof. Dr.-Ing. Holger Martin danke ich für seine kritischen Fragen und die Anregungen im Verlauf meiner Arbeit, insbesondere zum gasseitigen Stoffübergang.

Für ihren unermüdlichen Einsatz und die Selbständigkeit, die sie in ihren Arbeiten an den Tag legten, danke ich meinen Diplomarbeitern Joachim Krenn, Christiane Klippstein, Manuel Mächtel, Sandra Jeck und Ying Zhou, meinem Studienarbeiter Dirk Winkelmann und meinen wissenschaftlichen Hilfskräften Katrin Treier, Katja Schmalbach, Romy Scheerle und Elmar Gelhausen. Viele ihrer Untersuchungsergebnisse sind in diese Arbeit mit eingeflossen.

Bei Frau Gisela Schimana, der Sekretärin unseres Instituts, und Herrn Lothar Eckert, dem ehemaligen Leiter des Konstruktionsbüros, möchte ich mich für ihr tägliches Engagement im Institutsbetrieb bedanken.

In unserem Labor und in der Institutswerkstatt danke ich Annette Schucker, Michael Wachter, Roland Nonnenmacher, Markus Keller, Stefan Fink und Steffen Haury sowie den Azubis Andreas Burkart und Armin Wiltschko. Ohne ihre Unterstützung wären viele meiner Versuchsaufbauten nicht zu realisieren gewesen. Es war mir eine Freude mit ihnen zusammenzuarbeiten.

Meinen Eltern danke ich für ihre Unterstützung und das Vertrauen, das sie in mich gesetzt haben, meiner Freundin für ihre Unterstützung und die unendliche Geduld.

Ein letzter Dank gebührt dem Kompetenznetz Pro3 für die Anschubfinanzierung dieser Arbeit und der Deutschen Forschungsgemeinschaft (DFG) für die finanzielle Unterstützung im weiteren Verlauf sowie die Bereitstellung eines fasergekoppelten Raman-Mikroskops als DFG-Großgeräteleihgabe.

Karlsruhe im Februar 2009

Philip Scharfer

II
____

Inhalt

Symbolverzeichnis

Lateinische Buchstaben

a	lange Hauptachse einer Ellipse	m
a_i	Aktivität Komponente i	-
$A_{i,j}$	Margules-Parameter bzw. van Laar-Parameter	-
b	kurze Hauptachse einer Ellipse	m
c_i	Massenkonzentration Komponente i	kg/m³
$\widetilde{c}_i$	molare Konzentration Komponente i	mol/m³
C	Konstante für Effizienz des Detektorsystems	-
D_{ij}^{SM}	Stefan-Maxwell-Diffusionskoeffizienten i in j	m²/s
D_{ii}	Hauptdiffusionskoeffizient Komp. i	m²/s
D_{ij}	Kreuzdiffusionskoeffizient Komp. i	m²/s
$E_{A,i}$	Aktivierungsenergie Komponente i	J/mol
EW	Äquivalentmasse, Masse Polymer pro SO_3^--Gruppen	kg/mol
E_{ij}	Wechselwirkungsparameter	kg/mol
f	Brennweite	m
F	Projektionsfläche Detektoröffnung	m²
G	Gibbs-Energie	J
h	Planck'sches Wirkungsquantum	J s
I_0	Intensität der anregenden Laserstrahlung	W
I_i	Intensität der Raman-Strahlung von Komponente i	W
j_i^P	flächenbezogener Diffusionsstrom (polymerbezogen)	kg/(m² s)
j_i^V	flächenbezogener Diffusionsstrom (volumenbezogen)	kg/(m² s)
$K_{i/j}$	Kalibrierkonstante Komp. i zu Komp. j	-
L	Länge	m
m	dimensionsloser Radius	-
m_i	Masse Komponente i	kg
$\widetilde{m}_i$	Molarität, Molanzahl i pro Masse trockenes Polymer	mol/kg
$\widetilde{M}_i$	Molmasse Komponente i	kg/mol

$\dot{m}_i$	flächenbezogener Massenstrom Komponente i	kg/(m² s)
$\dot{M}_i$	Massenstrom Komponente i	kg/s
n	Verhältnis von zwei Brechungsindizes	-
$n_{a,b,z}$	Anisotropieexponent	-
n_i	Brechungsindex Komponente i	-
n_i	Stoffmenge Komponente i	mol
n_M	Anzahl Sulfonsäuregruppen in der Membran	mol
$\dot{n}_i$	flächenbezogener Stoffstrom Komponente i	mol/(m² s)
$\dot{N}_i$	Stoffstrom Komponente i	mol/s
N_A	Avogadro-Konstante	mol^{-1}
NA	Numerische Apertur	-
p_{ges}	Gesamtdruck	Pa
p_i	Partialdruck Komponente i	Pa
p_i^*	Sattdampfdruck Komponente i	Pa
r	Radius	m
R	Radius der trockenen Membran	m
$\dot{r}_i$	relativer Stoffstrom	-
R^2	Bestimmtheitsmaß Regressionsfunktion	-
$\widetilde{R}$	allgemeine Gaskonstante	J/(mol·K)
Re	Reynoldszahl	-
Sc	Schmidt-Zahl	-
Sh	Sherwood-Zahl	-
t	Zeit	s
T	Temperatur	°C od. K
u	Überströmungsgeschwindigkeit	m/s
u_i	Geschwindigkeit der Komponente i	m/s
u_P	mittlere Geschwindigkeit der Polymerkomponente	m/s
u_V	mittlere Geschwindigkeit des Kontrollvolumens	m/s
V	Volumen	m³
$\hat{V}_i$	spezifisches Volumen Komponente i	m³/kg

x	charakteristische Länge	m
x_0	Versatz zwischen Grenzschichten	m
x_i	Massenbruch Komponente i in der Flüssigphase	-
$\tilde{x}_i$	Molenbruch Komponente i in der Flüssigphase	-
$X_{i/j}$	Massenbeladung *(Masse i pro Masse j)*	-
y_i	Massenbruch in der Gasphase	-
$\tilde{y}_i$	Molenbruch Komponente i in der Gasphase	-
Y_i	Massenbeladung Komponente i in der Gasphase	-
$\tilde{Y}_i$	molare Beladung Komponente i in der Gasphase	-
z	Membrandicke	m
z	Position des Fokuspunktes	m

Griechische Buchstaben

α_i	Gewichtungsfaktor Komponente i	-
β_{ig}	gasseitiger Stoffübergangskoeffizient Komp. i	m/s
γ_i	Aktivitätskoeffizient Komponente i	-
ζ	Ortskoordinate normal zur Polymeroberfläche	m
Θ	Winkel	-
λ	Laserwellenlänge	nm
λ_i	Stoffmenge Komp. i pro SO_3^--Gruppe	-
λ_M^0	Referenzparameter für chem. Potential der Membran	-
μ_i	chemisches Potential Komponente i	J/mol
μ_i^0	chemisches Potential Komponente i im Bezugszustand	J/mol
ν	kinematische Viskosität	m²/s
ν_0	Frequenz der anregenden Laserstrahlung	Hz
ν_{AS}	Frequenz der Anti-Stokes-Raman-Strahlung	Hz
ν_S	Frequenz der Stokes-Raman-Strahlung	Hz
$\tilde{\nu}_k$	Wellenzahl	cm⁻¹
ρ_i	Massendichte Komponente i	kg/m³
ρ_i^P	spezifische Massendichte Komponente i (polymerbezogen)	kg/m³

ρ_i^V spezifische Massendichte Komponente i (volumenbezogen)   kg/m³

$\tilde{\rho}_i$ molare Dichte Komponente i mol/m³

$\partial\sigma_i / \partial\Omega$ differentieller Streuquerschnitt   m²

φ_i Volumenbruch Komponente i -

Φ Linsenfüllfaktor   -

Ψ_{Korr} Korrekturfunktion   -

Ω_{obs} Beobachtungswinkel des Objektivs   -

Hochgestellte Indizes

P polymermassenbezogen

V volumenbezogen

$*$ zusätzlicher Referenzzustand

Tiefgestellte Indizes

1 Methanol oder Ethanol

2 Wasser

Fl bzw. $Flkt.$ in der Flüssigphase außerhalb der Membran

g Gasphase

i,j Komponente i bzw. j, allgemein i bzw. $j = 1, ..., P$

m mittlerer Wert

M Membran

max Maximalwert

o oben

Ph an der Phasengrenze

P Polymer

u unten

x lokaler Wert

∞ unendlich ausgedehnte, ungestörte Strömung (Potentialströmung)

1 Einleitung

1.1 Einführung

Kaum ein Wirtschaftszweig verzeichnet ähnlich hohe Wachstumsraten wie die Branche der sog. Consumer Electronics. Insbesondere mobile Geräte für portable Navigation, digitale Audio- und Videoplayer, Digitalkameras, Notebooks und Smartphones erfreuen sich bei den Konsumenten einer zunehmenden Beliebtheit[1]. Die ständig steigenden Anforderungen an die Leistungsfähigkeit solch mobiler Elektronikprodukte - z. B. schnellere Mikroprozessoren und größere, hellere Displays in Notebooks oder portablen Videoplayern - führen zu einem stetigen Anstieg des Energieverbrauchs. Gleichzeitig wachsen die Erwartungen des Marktes an die Energieversorgung der Endgeräte enorm. Schon jetzt können die herkömmlichen Akkutechnologien mit dieser rasanten Entwicklung kaum noch Schritt halten. Als Alternative für die mobile Energiebereitstellung wird seit vielen Jahren der Einsatz von Brennstoffzellen diskutiert. In Brennstoffzellen wird chemisch gebundene Energie direkt in elektrische Energie umgewandelt; der maximale theoretische Wirkungsgrad ist daher nicht durch den Carnot'schen Wirkungsgrad begrenzt. Die räumliche Trennung von Lagerung und elektrochemischer Umwandlung des Brennstoffs ermöglicht eine kontinuierliche Energiezufuhr; zeitaufwendige Ladezyklen, die auf Dauer zu einer Degradierung von Batteriesystemen führen, entfallen.

Bei der Kommerzialisierung von Brennstoffzellensystemen stößt man zurzeit noch auf Probleme: Die Systeme sind komplexer als zunächst erwartet, meist schwierig zu regeln, und es wird immer noch heiß diskutiert, welcher Brennstoff verwendet werden soll. Abb. A 1.1 im Anhang A 1 liefert einen Überblick über die zurzeit diskutierten Brennstoffzellentypen. Während die bei sehr hohen Temperaturen betriebenen Oxidkcramischen Brennstoffzellen (SOFC) hauptsächlich für Blockheizkraftwerke und Schiffe (meist U-Boote) verwendet werden, entsprechen die Betriebsparameter der Polymer-Elektrolyt-Brennstoffzellen (PEMFC) aufgrund der deutlich niedrigeren Betriebstemperaturen schon eher den Anforderungen mobiler Endanwendungen. Als Einsatzstof-

---

[1] Laut Consumer Electronics Marktindex (CEMIX) der Gesellschaft für Unterhaltungs- und Kommunikationselektronik (GFU) stieg beispielsweise der Absatz an „Notebooks" in Deutschland von 653.000 Stück im ersten Quartal 2007 auf 1.018.000 Stück im ersten Quartal 2008; das einspricht einer Umsatzsteigerung um 26,2 %.

fe für die PEMFC können prinzipiell alle oxidierbaren Stoffe mit fluidem Charakter verwendet werden. In der Praxis werden Wasserstoff oder Alkohole, wie Methanol oder Ethanol, verwendet. Wasserstoff gilt aus Sicht des erzielbaren Wirkungsgrades allgemein als bester Brennstoff, allerdings erfordern Produktion, Speicherung und flächendeckende Verteilung eine komplexe Systemtechnik. Flüssige Brennstoffe wie Methanol oder Ethanol sind hingegen einfach zu lagern und leicht zu verteilen, aber es stellt sich die Frage, wie die Umsetzung in einem Brennstoffzellensystem erfolgen kann. Entweder produziert man zunächst aus den flüssigen Brennstoffen den benötigten Wasserstoff und setzt diesen dann in einer PEMFC um, oder man verwendet Brennstoffzellen, die eine direkte Umsetzung des flüssigen Brennstoffs ermöglichen. Ein Energieversorgungssystem, welches sowohl die Wasserstoffproduktion als auch die Umsetzung des Wasserstoffs in einer Brennstoffzelle beinhaltet, ist außerordentlich komplex. Von daher stellt der Einsatz von Systemen zur direkten Umsetzung des flüssigen Brennstoffs - besonders für den mobilen Einsatz - eine vorteilhaftere Variante dar.

Das Funktionsprinzip einer Brennstoffzelle zur direkten Umsetzung von Alkoholen wie Methanol oder Ethanol zeigt Abb. 1.1 (z. B. Schultz et al., 2001).

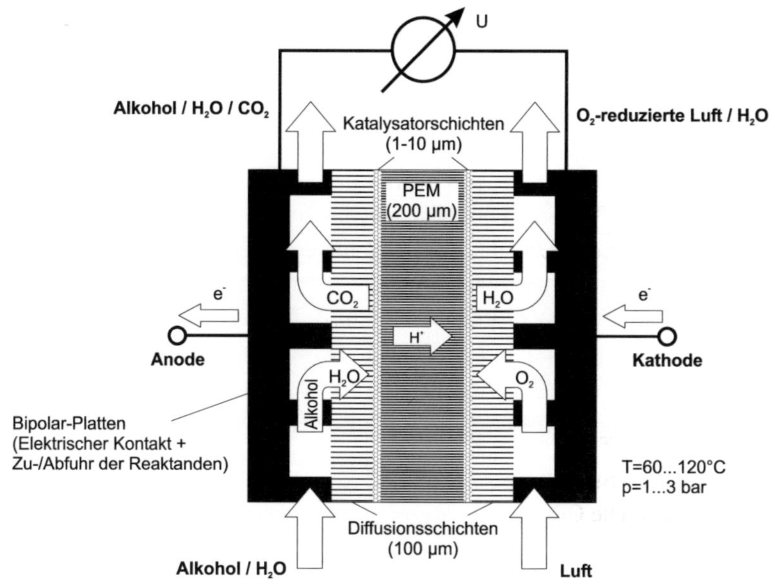

Abb. 1.1: Schematische Darstellung der Funktionsweise einer Direkt-Alkohol-Brennstoffzelle (DAFC) zur direkten Umsetzung von Methanol oder Ethanol.

Direkt-Alkohol-Brennstoffzellen (DAFCs) bestehen aus einer einzelnen Membran-Elektroden-Einheit oder aus einem Stapel solcher Einheiten. Kathode und Anode werden aus Graphit oder mit Gold beschichtetem Edelstahl gefertigt. Für eine gleichmäßige Zufuhr der Edukte, bzw. zur Abfuhr der Reaktionsprodukte sind sowohl auf der Anoden- als auch auf der Kathodenseite Strömungskanäle eingefräst. Zwischen den Graphitplatten und den Katalysatorschichten auf der Membranoberfläche (Pt/Ru an der Anode, bzw. Pt an der Kathode) befinden sich Diffusionsträgerschichten aus porösem, elektrisch leitfähigem Material (meist Graphit-Gewebe). Die Diffusionsschichten sorgen zum einen für eine homogene Verteilung der Reaktanden über den gesamten Brennstoffzellenquerschnitt und stellen zum anderen eine elektronenleitende Verbindung zwischen Katalysator und Graphitelektroden her. Je nach verwendetem Alkohol laufen in den Katalysatorschichten folgende Reaktionen ab:

Direkt-Methanol-Brennstoffzelle (DMFC):

Anode: $2\,CH_3OH + 2\,H_2O \quad \rightarrow \quad 2\,CO_2 + 12\,H^+ + 12\,e^-$

Kathode: $12\,H^+ + 12\,e^- + 3\,O_2 \quad \rightarrow \quad 6\,H_2O$

Gesamt: $2\,CH_3OH + 3\,O_2 \quad \rightarrow \quad 2\,CO_2 + 4\,H_2O$

Direkt-Ethanol-Brennstoffzelle (DEFC):

Anode: $2\,C_2H_5OH + 6\,H_2O \quad \rightarrow \quad 4\,CO_2 + 24\,H^+ + 24\,e^-$

Kathode: $24\,H^+ + 24\,e^- + 6\,O_2 \quad \rightarrow \quad 12\,H_2O$

Gesamt: $2\,C_2H_5OH + 6\,O_2 \quad \rightarrow \quad 4\,CO_2 + 6\,H_2O$

Gemäß den o. a. Gleichungen reagiert der Alkohol an der katalytisch aktiven Anode mit Wasser. Es entstehen Kohlendioxid, Elektronen und Protonen. Die Protonen wandern durch die Polymer-Elektrolyt-Membran zur Kathode, um dort mit Sauerstoff und den von der Anode kommenden Elektronen, die in einem elektrischen Stromkreis an einer Last Arbeit verrichten, zu Wasser umgesetzt zu werden. Die Charakterisierung von Brennstoffzellen erfolgt über Strom-Spannungskennlinien. Der Verlauf der Zellspannung als Funktion der Stromstärke gibt Aufschluss über die Leistungsfähigkeit der untersuchten Zelle.

Ein Vergleich der Leistungsfähigkeiten verschiedener Brennstoffzellensysteme zeigt, dass der elektrische Wirkungsgrad ($\eta_{el.} = U / E_{rev}$) von Direkt-Alkohol-Brennstoffzellen gegenüber Wasserstoffbrennstoffzellen deutlich reduziert ist. Dieser Verlust an Leistungsfähigkeit hängt mit einer Reihe unerwünschter Phänomene zusammen. Zum einen reduzieren Stofftransportwiderstände in den Diffusionsschichten, zum Beispiel durch CO_2-Gasentwicklung an der Anode oder Bildung von flüssigem H_2O an der Kathode, den elektrischen Wirkungsgrad. Weitere Einflussfaktoren sind die langsame Reaktion am Anodenkatalysator und die notwendige Überspannung für die Anoden-Reaktion. Hinzu kommen eine begrenzte Protonenwanderungsgeschwindigkeit sowie elektrische Kurzschlussströme durch die Membran. Den deutlichsten Einfluss auf den Wirkungsgrad von Direkt-Alkohol-Brennstoffzellen hat jedoch der sog. „Methanol/Ethanol-Crossover", die unerwünschte Permeation von unverbrauchtem Alkohol von der Anodenseite durch die Membran zur Kathode. Der Alkohol wird an der Kathode katalytisch oxidiert und ist somit für die energetische Nutzung verloren. Zusätzlich entsteht bei der Alkoholoxidation ein unerwünschtes Mischpotential, welches den elektrischen Wirkungsgrad und die Lebensdauer der Brennstoffzelle reduziert (Hinzel et al., 2000; Cruickshank et al., 1998; Scott et al., 1999).

Um die störende Alkoholpermeation zu verringern, werden unterschiedliche Ansätze verfolgt. Zum einen wird versucht, neue Membranmaterialien mit geringerer Alkoholpermeabilität zu entwickeln oder bestehende Materialien entsprechend zu modifizieren. Zum anderen arbeitet man an Modellen für die Beschreibung der physikalischen und elektrochemischen Vorgänge in Brennstoffzellen, um mit Hilfe von Simulationsrechnungen optimale Betriebsparameter zu bestimmen. In beiden Fällen ist ein umfassendes Verständnis der Stofftransportvorgänge im Inneren der Polymer-Elektrolyt-Membran von ausschlaggebender Bedeutung. Mangels geeigneter Messmethoden sind die hierfür benötigten Informationen bisher nicht verfügbar. Der folgende Abschnitt beschreibt den Ausgangspunkt dieser Arbeit und gibt einen Überblick über den aktuellen Stand des Wissens zum Stofftransport in Brennstoffzellenmembranen.

1.2 Ausgangspunkt dieser Arbeit

Polymer-Elektrolyt-Membran-Brennstoffzellen (PEMFCs) sind seit vielen Jahren Gegenstand intensiver nationaler und internationaler Forschungsanstrengungen an Universitäten und in der Industrie. Zahlreiche Studien haben gezeigt, dass die protonenleitende Polymermembran eine entscheidende Bedeutung für die Leistungsfähigkeit moderner Niedertemperatur-Brennstoffzellensysteme hat (Ren et al., 2000; Li et al., 2006). Eine ausführliche Übersicht über die Eigenschaften verschiedener Membranmaterialien findet sich z. B. bei Neburchilov (2007). Die ideale Polymer-Elektrolyt-Membran (PEM) sollte eine hohe Protonenleitfähigkeit (> 80 mS/cm) mit einer geringen Elektronenleitfähigkeit vereinen und für alle anderen Moleküle möglichst undurchlässig sein. Zusätzlich müssen Brennstoffzellenmembranen hinreichend temperaturstabil (bis ca. 135°C), und sowohl mechanisch als auch chemisch belastbar sein.

Das zurzeit am häufigsten eingesetzte Membranmaterial ist Nafion[®], ein Sulfonsäure-Copolymer, welches in den 1960er Jahren von der Firma DuPont entwickelt wurde. Nafion[®] wird durch Copolymerisation eines perfluorierten Vinylether-Comonomers mit Tetrafluorethylen (TFE) hergestellt (siehe z. B. Mauritz, 2004). Abb. 1.2 zeigt den chemischen Aufbau des Ionomers.

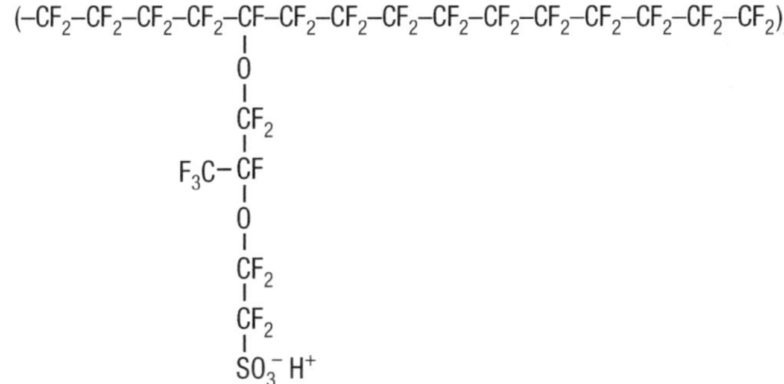

Abb. 1.2: *Chemischer Aufbau des Sulfonsäure-Copolymers Nafion[®] mit einem Equivalentgewicht von etwa 1100 g Polymer pro Mol Sulfonsäure-Gruppen. Die Anzahl der 14 CF$_2$-Gruppen pro Seitenkette ist ein Mittelwert innerhalb der mehr oder weniger statistischen Polymerstruktur (Schmidt-Rohr, 2008).*

Ein vielfach verwendeter Membrantyp für den Einsatz in Brennstoffzellensystemen ist Nafion[®] N117. Bei dieser Nomenklatur geben die ersten beiden Ziffern Aufschluss über das Equivalentgewicht des Polymers, alle weiteren Ziffern charakterisieren die Dicke der Membran. Die Bezeichnung „117" bezieht sich demnach auf eine Membran mit einem Equivalentgewicht von 1100 g Polymer pro Mol Sulfonsäure-Gruppen und einer nominellen Trockendicke von 7 mil[2], also etwa 175 µm. Weitere typische Membranen sind Nafion[®] N115 und N1035. Das Molekulargewicht von Nafion[®] spielt in der Regel eine untergeordnete Rolle, liegt aber in der Größenordnung von 10^5 - 10^6 Dalton (Mauritz, 2004).

---

[2] Die Bezeichnung „mil" steht als Abkürzung für „Milli-Inch". 1 Inch = 0,0254 m.

Für die besonderen Eigenschaften von Nafion® als Polymer-Elektrolyt ist neben dem chemischen Aufbau die Morphologie von Bedeutung. Informationen über die Mikrostruktur von Polymermaterialien erhält man z. B. mit Hilfe von Röntgenbeugung (SAXS - Small Angle X-Ray Scattering) (siehe z. B. Yeo & Eisenberg, 1977; Gierke et al., 1981) oder Neutronenstreuung (SANS - Small Angle Neutron Scattering) (siehe z. B. Rubatat et al., 2002 u. 2004; Rollet et al., 2002; Kim et al., 2006). Auf Basis solcher Streuexperimente mit unterschiedlichen Nafion®-Membranen wurden in den letzten Jahrzehnten viele verschiedene Strukturvorstellungen entwickelt. Die am weitesten verbreitete Modellvorstellung geht auf Gierke, Munn und Wilson (1981) zurück. Ihr Modell - oft als Gierke-Modell bezeichnet - beschreibt die Mikrostruktur von Nafion®-Membranen als Netzwerk kugelförmiger Wassercluster, die durch Kanäle mit einem Durchmesser von etwa 1 nm miteinander verbunden sind. Diese Vorstellung steht jedoch im Widerspruch zu den Ergebnissen verschiedener SAXS- und SANS-Untersuchungen, die auf eine gestreckte Mikrostruktur innerhalb der Membran schließen lassen (z. B. Kim et al., 2006; Rollet et al., 2002; Rubatat et al., 2002 u. 2004; van der Heijden, 2004; Page et al., 2006). Anfang 2008 veröffentlichten Schmidt-Rohr und Chen ein Strukturmodell, das erstmals eine Erklärung für die Vielzahl der publizierten Streudaten für Nafion® liefert. Demnach besteht die Mikrostruktur von Nafion®-Membranen aus langen, parallelen, ansonsten zufällig gepackten Wasserkanälen, welche von teilweise hydrophilen Seitenketten des Polymers umgeben sind. Die Seitenketten bilden dabei inverse Mizellen in Zylinderform. Der Durchmesser der Wasserkanäle wird bei einem Wassergehalt von 20 Vol-% mit 1,8 bis 3,5 nm angegeben, also deutlich größer als beim Gierke-Modell. Die hohe mechanische Stabilität von Nafion® wird durch physikalisch vernetzte Kristallite erzeugt, die in gestreckter Form parallel zu den Wasserkanälen verlaufen. Die Querschnittsfläche dieser Kristallite, die etwa 10 % des Polymervolumens ausmachen, liegt in der Größenordnung von 25 nm². Simulationsrechnungen auf Basis des Strukturmodells von Schmidt-Rohr und Chen geben gemessene Röntgenbeugungsdaten hervorragend wieder, Rechnungen auf Basis anderer Modelle versagen (Schmidt-Rohr & Chen, 2008).

Um eine hohe Protonenleitfähigkeit zu gewährleisten müssen die Wasserkanäle innerhalb einer Nafion®-Membran mit Wasser befeuchtet sein. Dadurch besteht die Gefahr, dass die mikroporösen Katalysator- und Diffusionsschichten der Brennstoffzelle (vergl. Abb. 1.1) von überschüssigem Wasser blockiert werden. Insbesondere für Brennstoffzellensysteme, die mit Wasserstoff betrieben werden, stellt das Wassermanagement ein großes Problem dar. Eine aktuelle Übersicht über verschiedene Gesichtspunkte findet sich z. B. bei Li et al. (2008). Ein Fluten der Gasdiffusionsschichten mit Wasser - vor allem auf der Kathodenseite - führt zu einer deutlichen Reduzierung der Zellleistung. Bei der Verwendung von Nafion® in Direkt-Alkohol-Brennstoffzellen (DAFCs) reduziert zusätzlich der unerwünschte „Alkohol-Crossover" die Leistungsfähigkeit der Zelle. Zur Vermeidung von Membrandehydrierung und Kathodenfluten und zur Reduzierung des „Alkohol-Crossovers" bedarf es eines besseren Verständnisses des Wasser- und Alkoholtransports in Niedertemperatur-Brennstoffzellen, vor allem innerhalb der protonenleitenden Polymermembran (Mauritz et al., 2004; Weber & Newman, 2004).

Für die modellhafte Beschreibung des Stofftransports werden Brennstoffzellenmembranen in der Regel als Lösungs-Diffusions-Membranen betrachtet, daher hängen die Transporteigenschaften sowohl vom Phasengleichgewichtsverhalten als auch von der Beweglichkeit permeierender Komponenten in der Polymermatrix ab (Wijmans et al., 1995). Als Triebkräfte für den transmembranen Stofftransport wirken im laufenden Betrieb einer Brennstoffzelle Konzentrationsgradienten (<u>molekulare Diffusion</u>) und Ladungsgradienten (<u>Elektroosmose</u>) zwischen Anode und Kathode (Zawodzinski et al., 1993). Der Ausdruck Elektroosmose bezeichnet in diesem Zusammenhang Wasser- und Alkohol-Schleppströme, die durch den Fluss hydratisierter Protonen von der Anode zur Kathode induziert werden. <u>Hydraulische Konvektionsströmungen</u> können aufgrund der geringen Membranporosität und niedriger Druckgradienten über die Membran vernachlässigt werden (siehe auch Siebke, 2003; Schultz, 2004).

Im Laufe der letzten Jahrzehnte haben eine Vielzahl von Autoren Sorption, Diffusion und Elektroosmose von Wasser und Alkohol in Brennstoffzellenmembranen aus Nafion® und Alternativmaterialien untersucht (siehe Abschnitte 1.2.1 und 1.2.2). Da viele Arbeiten auf die weit verbreiteten Wasserstoff-Brennstoffzellen fokussiert sind, ist ein Großteil der veröffentlichten Untersuchungsergebnisse auf reines Wasser beschränkt (z. B. Zawodzinski et al., 1991 und 1993; Hinatsu et al., 1994; Tsonos et al., 2000; Choi & Datta, 2003; Lu et al., 2005; Onishi et al., 2007; Majsztrik et al., 2007). Es finden sich aber auch Arbeiten, die den Einfluss des Alkohols berücksichtigen (z. B. Skou et al., 1997; Gates & Newman, 2000; Ren et al., 2000; Ren & Zawodzinski, 2000; Geiger et al. 2001; Hallinan et al. 2007; Scharfer et al., 2007 und 2008). Obwohl Ethanol weniger giftig ist und sich sehr einfach und umweltfreundlich durch Gärung aus Biomasse gewinnen lässt, steht Methanol aufgrund der besseren Reaktionskinetik an der Anode[3] als Alkoholbrennstoff im Vordergrund. Untersuchungen mit Ethanol wurden bisher nur vereinzelt durchgeführt (z. B. Andreadis, 2006). Der folgende Abschnitt gibt einen Überblick über den aktuellen Stand des Wissens zum Phasengleichgewicht.

1.2.1 Phasengleichgewicht

Um das Sorptionsverhalten von Wasser und Alkohol in Brennstoffzellenmembranen zu bestimmen, werden Proben mit bekannter Trockenmasse und bekanntem Trockenvolumen so lange mit gasförmigem oder flüssigem Lösemittel in Kontakt gebracht, bis sich ein Gleichgewichtszustand eingestellt hat. Die Lösemittelaufnahme wird dann meist gravimetrisch (Zawodzinski et al., 1991; Hinatsu et al., 1994; Skou et al., 1997; Ren et al., 2000; Gates & Newman, 2000; Geiger et al., 2001; Onishi et al., 2007; Majsztrik et al., 2007) oder aus der Volumenänderung des Polymers (Bass et al., 2006) bestimmt. Messdaten bei unterschiedlichen Aktivitäten des reinen Lösemittels werden in der Regel durch Variation des Lösemittelpartialdrucks in der Gasphase gewonnen. Nur bei Sättigung (Aktivität = 1) wird die Gleichgewichtsbeladung des Polymers sowohl aus Gas- als auch aus Flüssigphasenmessungen bestimmt. Um auch die Flüssigphasensorption reiner Lösemittel über den gesamten Aktivitätsbereich zu untersuchen, kann die Aktivität des Lösemittels durch Zugabe von niedermolekularen Polymeradditiven reduziert werden. Dabei muss das Additiv so gewählt werden, dass ein Eindringen in die untersuchte Polymerprobe durch Größenausschluss (Jeck, 2008) und/oder abstoßende Wechselwirkungen (Bass et al., 2006) vermieden wird.

Bei der Sorption von Lösemittelgemischen muss zusätzlich zur Gesamtbeladung die Beladung des Polymers mit den einzelnen Lösemitteln bestimmt werden. Dazu werden die sorbierten Lösemittel nach der gravimetrischen oder volumetrischen Bestimmung der Gesamtbeladung vollständig aus der Polymerprobe desorbiert und in einer Kühlfalle ausgefroren. Anschließend kann die Zusammensetzung der aufgefangenen Lösung mit unterschiedlichen Messmethoden bestimmt werden. So bestimmen z. B. Skou et al. (1997) die Zusammensetzung des Kondensats aus NMR-Messungen, Gates & Newman (2000) mit Hilfe

---

[3] Ein wesentlicher Unterschied zwischen Methanol und Ethanol bei der elektrochemischen Umsetzung zu CO_2 in einer Direkt-Alkohol-Brennstoffzelle besteht in der C-C-Bindung des Ethanols. Das Aufbrechen dieser Bindung stellt - besonders bei den vergleichsweise niedrigen Betriebstemperaturen von Polymer-Elektrolyt-Brennstoffzellen - eine katalytische Herausforderung dar (Vigier et al., 2004). Bislang fehlt es an ausreichend leistungsfähigen Katalysatoren um den Wirkungsgrad von DEFCs auf das Niveau der DMFC zu steigern.

der Karl-Fischer-Titration und Geiger et al. (2001) über Gaschromatographie. Aus der Zusammensetzung des desorbierten Lösemittelgemischs und der Gesamtlösemittelbeladung der Polymerprobe im Gleichgewicht lassen sich dann die ursprünglichen Beladungen des Polymers mit den einzelnen Lösemitteln bestimmen.

Untersuchungen des Sorptionsverhaltens in der Gas- und in der Flüssigphase sollten die gleichen Ergebnisse liefern. In der Literatur wird aber vielfach von unterschiedlichen Gleichgewichtszuständen bei der Quellung vernetzter Polymere in flüssigem Lösemittel und in der korrespondierenden, gesättigten Gasphase berichtet. Ein solches Verhalten wurde bereits 1903 von Paul von Schroeder für das Stoffsystem Wasser-Gelatine beobachtet und wird daher in der Literatur oft als „Schroeders Paradox" bezeichnet. Von einem ähnlichen Verhalten berichten z. B. Zawodzinski et al. (1993), Hinatsu et al. (1994), Skou et al. (1997) und Bass et al. (2006) für Nafion[®], Freger et al. (2000) für sulfoniertes Polyethylen oder Cornet et al. (2001) für sulfoniertes Polyimid. Zwei unterschiedliche Gleichgewichtszustände bei gleichem chemischem Potential des Lösemittels in der umgebenden Phase lassen sich auf Basis thermodynamischer Überlegungen (Flory, 1953) nicht ableiten. Die Übereinstimmung des chemischen Potentials als Gleichgewichtsbedingung ohne Einfluss des Aggregatzustands der umgebenden Phase ist ein entscheidender Grundstein für die Beschreibung von Polymerphasengleichgewichten, sei es zu präparativen Zwecken, für die Polymerfilmtrocknung oder für andere Membran- oder Chromatographieprozesse (Paul, 1976; Gusler et al., 1994; Wijmans et al., 1995; Hillaire et al., 1998). Die Aufklärung des „Schroeder'schen Paradox" ist daher ein wichtiger Punkt bei der modellhaften Beschreibung des Phasengleichgewichts vernetzter Polymere.

Die Erklärungsansätze für das Auftreten eines „Schroeder'schen Paradox" sind allerdings äußerst kontrovers. Die meisten Erklärungen basieren auf experimentellen Faktoren wie z. B. Temperaturschwankungen, unvollständiger Sättigung der Gasphase oder einer extrem langsamen Sorptionskinetik in Verbindung mit unzureichender Dauer der durchgeführten Sorptionsexperimente. Im Widerspruch zu letzterer Erklärung berichten Zawodzinski et al. (1993) von Sorptionsexperimenten, bei denen Nafion[®]-Proben, die zunächst in der Flüssigphase gequollen waren, bei anschließendem Kontakt mit der gesättigten Gasphase eine deutliche Schrumpfung aufwiesen. Musty et al. (1966) erklären die unterschiedliche Lösemittelaufnahme von Naturkautschuk durch eine im Vergleich zur korrespondierenden Flüssigphase um etwa 0,1°C wärmere Gasphase. In Verbindung mit einer im Bereich der Sättigung sehr steilen Sorptionsisotherme würde die geringen Aktivitätsunterschiede zu der beobachteten Änderung der Gleichgewichtsbeladung führen. Dies würde unter anderem auch die Beobachtungen von Zawodzinski et al. (1993) (s. o.) erklären.

Unter der Annahme, dass die Beobachtungen bzgl. des Phasengleichgewichts in Gas- und Flüssigphase <u>nicht</u> auf Artefakte zurückzuführen sind, machen einige Autoren Unterschiede in der Charakteristik der Wechselwirkungen zwischen Fluid und Polymer (z. B. die Existenz einer Grenzfläche für Gase, nicht aber für Flüssigkeiten) für das beobachtete Sorptionsverhalten verantwortlich. Die im Inneren des Polymers vorhandenen Mikroporen könnten sich bei Kontakt mit Flüssigkeiten füllen, nicht aber bei Kontakt mit Gasen (auch Zawodzinski et al., 1993; Choi & Datta, 2003). Vallieres et al. (2006) weisen darauf hin, dass in der Gel-Thermodynamik (Tanaka, 1978) unter bestimmten Umständen mehrere stabile Gleichgewichtszustände existieren. Die beobachteten Unterschiede in der Lösemittelbeladung bei Sorption aus der Gas- oder Flüssigphase könnten eben diesen unterschiedlichen Gleichgewichtszuständen entsprechen.

Ein weiterer Ansatz basiert auf der Annahme, dass sich „Schroeders Paradox" nicht allein auf Basis thermodynamischer Überlegungen erklären lasse, da das Sorptionsgleichgewicht vernetzter Polymere von deren Vorgeschichte abhängt. Für Nafion®-Membranen ist eine Abhängigkeit der Stofftransporteigenschaften bzw. des Quellverhaltens von der Vorgeschichte seit langem bekannt. Yeo & Yeager (1985) klassifizieren Nafion®-Membranen nach ihrer thermischen Vorbehandlung. Die erste Form, als „E-Form" (Expanded-Form) bezeichnet, entsteht direkt nach der für den Einsatz als Brennstoffzellenmembran üblichen Vorbehandlung durch aufeinander folgendes Kochen in Wasserstoffperoxid (zur Reinigung), Schwefelsäure (zur Protonierung) und zuletzt demineralisiertem Wasser. In diesem Zustand sind die Lösemittelaufnahme und die Permeabilitäten für Wasser und Alkohol maximal. Die „N-Form" (Normal-Form) erhält man durch Trocknung der vorbehandelten Membran bei 80°C, während eine Trocknung bei 105°C zu einer „S-Form" (Shrunken-Form) des Polymers führt. Sone et al. (1996) definieren noch eine „FS-Form" (Further Shrunken-Form), die man durch Trocknung bei 120°C erhält. Entsprechend der thermischen Vorbehandlung nimmt die Lösemittelgleichgewichtsbeladung von der „E-Form" über die „N-" und „S-Form" zur „FS-Form" kontinuierlich ab. Bei der Erklärung der unterschiedlichen Zustandsformen geht man davon aus, dass sich bei 80°C ein Teil der Nanoporen innerhalb des Nafions® miteinander verbinden und andere verschließen. Daraus resultiert eine geringere „Porosität" und somit geringere Lösemittelaufnahmefähigkeit des Polymers. Eine thermische Behandlung bei 105°C, also kurz unterhalb der Glasübergangstemperatur von Nafion® bei etwa 110°C, führt aufgrund einer erhöhten Beweglichkeit der Polymermoleküle zu einer veränderten Polymerstruktur mit noch geringerer Lösemittelaufnahmefähigkeit. Oberhalb der Glasübergangstemperatur wird dieser Effekt dann noch einmal verstärkt.

In Bezug auf die bekannten Vorarbeiten zur Struktur von Nafion[®]-Membranen berichten Onishi, Prausnitz und Newman (2007) erstmals von experimentellen Untersuchungsergebnissen, bei denen unter strikter Einhaltung der thermischen Vorgeschichte identische Gleichgewichtsbeladungen von Nafion[®]-Membranen mit Wasser bei Sorption aus der Gas- und aus der Flüssigphase gemessen wurden. Zu ähnlichen, bislang nicht veröffentlichten Ergebnissen kommt Jeck (2008) für die Sorption von Wasser in physikalisch vernetztem Polyvinylalkohol. Weitere Untersuchungen in diese Richtung müssen in den nächsten Jahren zeigen, ob damit nach mehr als 100 Jahren eine befriedigende Erklärung für das lange diskutierte „Schroeder'sche Paradox" gefunden ist.

Entsprechend der unterschiedlichen Erklärungsansätze für das Auftreten eines „Schroeder'schen Paradox" finden sich in der Literatur die verschiedensten Modelle zur Beschreibung des thermodynamischen Phasengleichgewichtsverhaltens von Wasser und Alkohol in Nafion[®]. Das Spektrum reicht von an Messdaten angepassten Polynomen (Springer et al., 1991; Siebke, 2003) über BET (Brunauer-Emmett-Teller) Isothermen (Thampan et al., 2000) und Flory-Huggins-Phasengleichgewichtsansätze (Tsonos et al., 2000; Schultz et al., 2005) bis zu aufwändigen Gleichgewichtsmodellen, die auch den Aggregatzustand der umgebenden Phase berücksichtigen (Meyers & Newman, 2002; Choi & Datta, 2003).

Nimmt man an, dass die Gleichgewichtsbeladung eines Polymers mit Lösemittel vom Aggregatzustand der umgebenden fluiden Phase abhängt, so stellt sich unabhängig von der modellhaften Beschreibung des Phasengleichgewichts die Frage, was für Beladungsprofile sich in der Polymer-Elektrolyt-Membran einer Direkt-Alkohol-Brennstoffzelle einstellen, die auf der Anodenseite Kontakt mit einem flüssigen Alkohol-Wasser-Gemisch hat und auf der Kathodenseite von feuchter Luft überströmt wird. Verhält sich eine solche Membran, als stünde sie im Gleichgewicht mit gasförmigem oder mit flüssigem Wasser, oder ist sogar ein unstetiger Verlauf im Quellverhalten der Membran zu beobachten? In der Literatur werden für diesen Fall oft unterschiedliche Ansätze zur Beschreibung des Phasengleichgewichts auf der Anoden- und Kathodenseite verwendet (siehe z. B. Siebke, 2003; Schultz, 2004). Andere Autoren weisen hingegen explizit darauf hin, dass eine Nafion[®]-Membran, welche auf einer Seite in Kontakt mit flüssigem Lösemittel steht, in der Regel so gut befeuchtet ist, dass sich das Gleichgewicht auf beiden Seiten der Membran als Flüssigphasengleichgewicht beschreiben lässt (Meyers & Newman, 2002). Die Uneinigkeit bei der Beschreibung des Phasengleichgewichts setzt sich bei der Beschreibung der molekularen Stofftransportvorgänge in Brennstoffzellenmembranen fort. Der folgende Abschnitt gibt einen Überblick über den aktuellen Stand des Wissens.

1.2.2 Molekularer Stofftransport

Eine Übersicht über verschiedene Modellansätze zur Beschreibung der molekularen Stofftransportvorgänge in Brennstoffzellenmembranen findet sich bei Schultz et al. (2005). In den meisten Fällen wird der Stofftransport von Wasser und Alkohol in der Polymer-Elektrolyt-Membran als Fick'sche Diffusion mit überlagerten Konvektionsströmungen (Nernst-Planck) beschrieben. Elektroosmotische Schleppeffekte werden vielfach durch die Einführung eines sog. „Schleppkoeffizienten" berücksichtigt (z. B. Kulikovsky, 2003). Bei diesem einfachen Modell wird davon ausgegangen, dass sich die elektroosmotischen Schleppströme direkt proportional zum jeweiligen Protonenstrom verhalten. Andere Autoren beschreiben die Konvektionsströme allgemein nach einem modifizierten Modellansatz von Schlögl (1966) und berücksichtigen damit sowohl diffusive als auch elektroosmotische Schleppströme (z. B. Bernardi & Verbrugge, 1991, 1992). Einige wenige Arbeiten verwenden für die Beschreibung der transmembranen Stofftransportvorgänge die Stefan-Maxwell-Gleichungen mit entsprechenden Termen zur Berücksichtigung des Einflusses eines Protonenstroms auf den Gradienten des chemischen Potentials (z. B. Meyers & Newman, 2002; Schultz et al., 2005). Unabhängig davon, welche Modellvorstellung letztendlich für die Simulation eines Brennstoffzellensystems verwendet wird, benötigen alle Ansätze Informationen über die Diffusionseigenschaften von Wasser und Alkohol in der Membran.

Um die Diffusionseigenschaften experimentell zu bestimmen, werden in der Literatur verschiedener Messmethoden verwendet. Effektive Diffusionskoeffizienten werden meist aus der Kinetik von Sorptionsexperimenten (Majsztrik et al., 2007), aus Permeationsversuchen (Majsztrik et al., 2007) oder aus Pervaporationsversuchen (Majsztrik et al., 2007) bestimmt. Dabei werden die Sorptions- und Permeationsexperimente sowohl in der Gas- als auch in der Flüssigphase durchgeführt. Tsai et al. (2007) untersuchen Wasser und Methanol in Nafion[®] mit Hilfe der abgeschwächten Totalreflexion (engl.: Attenuated Total Reflection - ATR) um einen tieferen Einblick in die Quellungsphänomene von Nafion[®]-Membranen zu erlangen. Die gemessenen IR-Spektren zeigen, dass die Methanol-Moleküle besser in die hydrophoben Bereich der Membran vordringen können als Wasser. Hallinan et al. (2007) bestimmen effektive Diffusionskoeffizienten von Methanol und Wasser in Nafion[®] 117 bei verschiedenen Alkoholkonzentrationen ebenfalls mit Hilfe von ATR-FTIR-Spektroskopie. Fushinobu et al. (2006) bestimmen den Diffusionskoeffizienten von Wasser in Nafion® aus Transmissionsmessungen mit Infrarotlicht bei einer Wellenlänge von 1,92 µm.

Die Bestimmung von Selbstdiffusionskoeffizienten erfolgt vielfach mit Hilfe der bildgebenden Kernspintomographie (engl.: Pulsed Gradient Spin-Echo ^{1}H NMR) (Zawodzinski et al., 1991). Molekulare Bewegungsvorgänge in hydratisiertem Nafion® wurden von Perrin et al. (2007) mit quasi-elastischer Neutronenstreuung (Quasielastic Neutron Scattering – QENS) gemessen.

Für die Beschreibung der Stofftransportvorgänge in Brennstoffzellenmembranen ist es äußerst wichtig, unter welchen experimentellen Randbedingungen die jeweiligen Untersuchungen durchgeführt wurden. Freger et al. (2000) weisen darauf hin, dass sich Transportparameter, die durch Messungen in der Gasphase bestimmt wurden, oft nicht dazu eigenen, Transportprozesse im Kontakt mit einer Flüssigphase vorherzusagen. Ein Grund hierfür könnten ebenfalls Strukturunterschiede durch eine unterschiedliche Vorgeschichte der Polymerproben sein.

Obwohl viele Untersuchungen der letzten Jahrzehnte zu einem besseren Verständnis der Stofftransportvorgänge von Wasser und Alkohol in Brennstoffzellenmembranen beigetragen haben, basieren die experimentellen Ergebnisse i. d. R. auf bestimmten Modellvorstellungen und Annahmen über die bislang unbekannte Verteilung der Lösemittel innerhalb der Membran. Im Gegensatz zu den vielen indirekten Messmethoden bietet die konfokale Mikro-Raman-Spektroskopie erstmals die Möglichkeit, sog. "Tiefenscans" durch eine Brennstoffzellenmembran durchzuführen, um so <u>direkt</u> die Konzentrationsprofile permeierender Komponenten mit hoher örtlicher Auflösung zu bestimmen. Trotz des hohen Potentials dieser Messtechnik zur Untersuchung der Stofftransportphänomene in Polymer-Elektrolyt-Membranen gibt es hierzu bislang kaum Publikationen. Huguet et al. (2006) bestimmen qualitativ die Konzentrationsprofile von Nitrat-Ionen und Wasser in einer Ionenaustauscher-Membran im Flüssigphasenkontakt mit verdünnter Salzsäure auf der einen und verdünnter Salpetersäure auf der anderen Seite. Matic et al. (2005) berichten von Messungen in einer laufenden Wasserstoffbrennstoffzelle, in der die Wasserverteilung zwischen Anode und Kathode durch ein seitlich angebrachtes Fenster gemessen wurde. Schlussendlich messen Deabate et al. (2008) qualitativ die Konzentrationsprofile bei der Permeation von Wasser und Methanol durch eine Nafion®-Membran, die auf beiden Seiten in Kontakt mit flüssigen Methanol-Wasser-Lösungen unterschiedlicher Zusammensetzung steht. Die einzigen <u>quantitativen</u> Untersuchungen zur Ausbildung der Konzentrationsprofile von Wasser und Methanol in Nafion® finden sich in einer eigenen Veröffentlichung (Scharfer et al., 2007).

1.3 Zielsetzung dieser Arbeit

Ausgangspunkt der vorliegenden Arbeit ist die Hypothese, dass sich die Beladungsprofile von Wasser und Alkohol bei der Pervaporation durch Brennstoffzellenmembranen aus Nafion® mit Hilfe von Simulationsrechnungen beschreiben lassen, sofern geeignete Informationen über das Phasengleichgewicht und die Transportparameter der Lösemittel in der Membran verfügbar sind. Zielsetzung ist die Verifikation oder Falsifikation dieser Hypothese durch einen Vergleich von gemessenen Beladungsprofilen mit den Ergebnissen von Simulationsrechnungen. Damit umfasst die Aufgabenstellung sowohl den Aufbau einer geeigneten Versuchsapparatur als auch die Entwicklung eines entsprechenden Simulationsprogramms.

Um geeignete Beladungsprofile zu erzeugen, muss ein Versuchsaufbau realisiert werden, in dem sich verschiedene Randbedingungen für den transmembranen Stofftransport reproduzierbar einstellen lassen. Ähnlich wie in einer Direkt-Alkohol-Brennstoffzelle sollen die untersuchten Membranen auf einer Seite in Kontakt mit einer flüssigen Lösung aus Alkohol und Wasser stehen und auf der anderen Seite in einem Strömungskanal mit konditionierter Luft überströmt werden. Um den Einfluss der Randbedingungen auf die gemessenen Konzentrationsprofile zu überprüfen, werden Versuchstemperatur, Membranüberströmung und Alkoholkonzentration variiert.

Die experimentelle Bestimmung der Beladungsprofile soll mit Hilfe der konfokalen Mikro-Raman-Spektroskopie erfolgen. Dafür muss die von Schabel et al. (2005) für die Untersuchung der Polymerfilmtrocknung am Institut für Thermische Verfahrenstechnik der Universität Karlsruhe (TH) entwickelte Inverse-Mikro-Raman-Spektroskopie (IMRS) auf die veränderten Randbedingungen der geplanten Permeationsexperimente angepasst werden. Durch die Kopplung des bestehenden Raman-Spektrometers mit einem fasergekoppelten „offenen" Mikroskop soll ein freier Verfahrensraum geschaffen werden, der die Flexibilität der IMRS mit den Vorteilen einer aufrechten Mikroskopanordnung für die Durchführung von Raman-Messungen in Flüssigkeiten verbindet.

Eine besondere Schwierigkeit für die geplanten Untersuchungen stellt die quantitative Analyse der gemessenen Raman-Spektren dar. Die typischerweise für den Betrieb von Direkt-Alkohol-Brennstoffzellen verwendeten Alkoholkonzentrationen sind so gering, dass die Genauigkeit der bislang verwendeten Auswertemethoden (siehe Schabel, 2004) für die geplanten Untersuchungen nicht ausreichend ist. Zudem lassen sich die für Polymerlösungen erarbeiteten Kalibriervorschriften nur bedingt auf vernetzte Polymersysteme übertragen. Eine wesentliche Herausforderung dieser Arbeit ist daher die Entwicklung einer <u>neuen quantitativen Auswertemethode</u> für Raman-Spektren mit speziellen Kalibriervorschriften für vernetzte Polymersysteme.

Im theoretischen Teil der Arbeit soll ein Simulationsprogramm entwickelt werden, mit dem sich die gemessenen Wasser- und Alkoholprofile modellhaft beschreiben lassen. Durch den Vergleich mit Messwerten soll sowohl die Gültigkeit der für die Simulation verwendeten Modellansätze überprüft als auch neue Phasengleichgewichts- und Diffusionsparameter bestimmt werden.

Als Grundlage für zukünftige Arbeiten auf dem Gebiet der Membranpermeation soll die Versuchsanlage so erweitert werden, dass sich zusätzlich zu den gemessenen Lösemittelkonzentrationsprofilen die über die Membranfläche gemittelten Permeationsraten der Lösemittel durch die jeweilige Membran ermitteln lassen. Dazu soll die Zusammensetzung der Gasphase im Strömungskanal vor und hinter der Membran mit einem FT-IR-Spektrometer gemessen werden. Dieses gilt es zunächst im geeigneten Konzentrationsbereich zu kalibrieren und sinnvoll in den Strömungskanal zu integrieren. Erste Messungen für das Stoffsystem Methanol-Wasser-Nafion® sollen die Erkenntnisse aus den vorangegangenen Untersuchungen ergänzen.

2 Messtechnik

Für die Untersuchung von Stofftransportvorgängen in Polymermembranen wurde im Rahmen dieser Arbeit eine neue Messtechnik auf Basis der konfokalen Mikro-Raman-Spektroskopie entwickelt und aufgebaut. Diese Messtechnik erlaubt die nicht-invasive, quantitative Bestimmung der Zusammensetzung transparenter Mehrkomponentensysteme mit hoher örtlicher (1-3 μm) und zeitlicher (ca. 1 s pro Messpunkt) Auflösung. Aus Messungen in verschiedenen Ebenen einer Polymerprobe lassen sich die Konzentrationsprofile diffundierender Lösemittel im Polymer gewinnen. Ein Vergleich zwischen gemessenen und berechneten Profilen ermöglicht Aussagen über die zugrunde liegenden Stofftransportmechanismen. In den folgenden Abschnitten wird ein Überblick über die verwendete Messtechnik gegeben.

2.1 Versuchsanlage

Um den Stofftransport eines oder mehrerer Lösemittel in einem vernetzten Polymer zu untersuchen, müssen zunächst geeignete Randbedingungen geschaffen werden. Dazu wurde ein neuartiger Versuchsaufbau entwickelt, bei dem die zu untersuchende Polymermembran in einem temperierten Probenhalter auf der einen Seite mit der flüssigen Lösemittelphase in Kontakt steht und auf der anderen Seite mit konditionierter Luft überströmt wird. Für die Überströmung der Membran stehen zwei unterschiedliche, über einen Doppelmantel vollständig temperierte Strömungskanäle zur Verfügung. Im ersten Kanal ragt der Probenhalter in den Kanal hinein. Die Überströmungsgeschwindigkeit wird über ein Nadelventil im Bereich zwischen 0 und 4 m/s justiert und mit einem Hitzedrahtanemometer direkt vor der Membran im Kanal überprüft. Abb. 2.1 oben zeigt den Versuchsaufbau mit der verwendeten Raman-Messtechnik. Der große Kanalquerschnitt und die Öffnung unterhalb des Probenhalters bieten die Möglichkeit, auch andere, modifizierte Membranzellen in den Kanal zu integrieren. In einem zweiten, kleineren Kanal ist der Probenhalter bündig mit der Kanalwand montiert (siehe Abb. 2.1 unten). Die Überströmung der Membran wird in diesem Fall über einen Massendurchflussregler eingestellt. Als Prozessgas wird in beiden Fällen getrocknete (Taupunkt ca. -25°C) und gereinigte Druckluft verwendet.

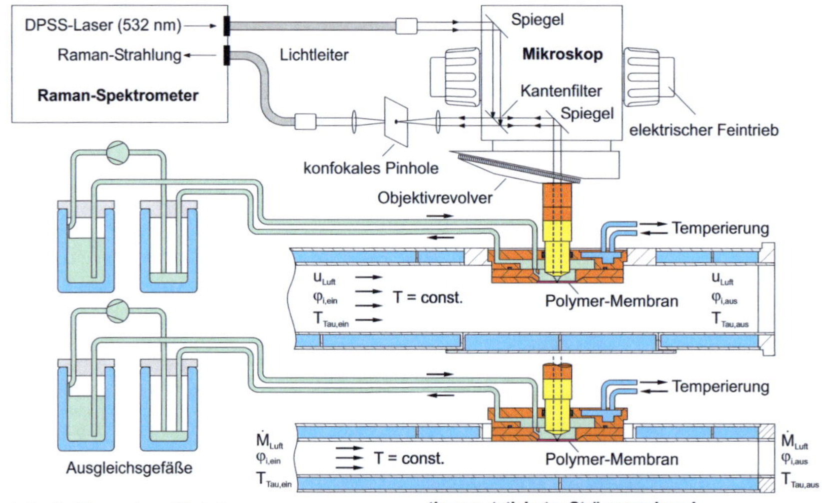

Abb. 2.1: Versuchsanlage – Strömungskanal mit konfokaler Raman-Messtechnik.

Zur direkten Bestimmung von Diffusionskoeffizienten bietet der zweite, kleinere Kanal die Möglichkeit, den über die Membranfläche gemittelten Stoffstrom der durch die Membran diffundierenden Lösemittel zu bestimmen. Dazu kann mit einem FT-IR-Spektrometer (*Bruker Tensor 27*) bei bekanntem Luftmassenstrom die Lösemittelbeladung der Prozessluft vor und hinter der Membran bestimmt werden. Der stationäre Stoffstrom der Komponente *i* errechnet sich aus einer Bilanz um den Strömungskanal zu:

$$\dot{N}_i = \dot{M}_{Luft} \cdot \left(Y_{i,aus} - Y_{i,ein}\right)\big/ \tilde{M}_i \tag{2.1}$$

mit: $\dot{N}_i$ = Gesamtstoffstrom der Komponente *i* durch die Membran

      $\dot{M}_{Luft}$ = Massenstrom der Prozessluft

      Y_i = Massenbeladung der Prozessluft mit Komponente *i*

      $\tilde{M}_i$ = Molmasse Komponente *i*

Diese Bilanz dient als Schließbedingung, da sich bei bekannten lokalen Stoffströmen der diffundierenden Lösemittel die Lösemitteldiffusionskoeffizienten in der Polymermembran direkt aus gemessenen Konzentrationsprofilen berechnen lassen (siehe Abschnitt 3.3).

Gleichung (2.1) zeigt, dass sich die Änderung der Luftbeladung bei gegebenem Diffusionsstrom durch die Membran umgekehrt proportional zum Massenstrom der Prozessluft verhält. Der Luftmassenstrom sollte daher möglichst klein gewählt werden, um bei geringen Diffusionsströmen eine Änderung der Luftzusammensetzung mit ausreichender Genauigkeit detektieren zu können. Um trotzdem hohe Überströmungsgeschwindigkeiten der Membran zu gewährleisten, wurde der Querschnitt des zweiten Kanals gegenüber dem ersten Kanal (auf Kosten der Flexibilität der möglichen Probenhalter) reduziert.

2.2 Raman-Messtechnik

Zusätzlich zu den Strömungskanälen ist in Abb. 2.1 die verwendete Raman-Messtechnik dargestellt. Die Messtechnik ist eine Weiterentwicklung der von Schabel et al. (2005) am Institut für Thermische Verfahrenstechnik zur Untersuchung der Polymerfilmtrocknung entwickelten Inversen-Mikro-Raman-Spektroskopie (IMRS). An das bestehende Raman-Spektrometer wurde ergänzend zu dem bereits installierten inversen Mikroskop ein konfokales „offenes Mikroskop" über Lichtleiter angeschlossen; zur Anregung der Raman-Strahlung dient ein Festkörperlaser (Diode Pumped Solid State (DPSS) Laser) mit einer Wellenlänge von $\lambda = 532$ nm und einer Leistung von $P = 350$ mW. Das Objektiv des Raman-Mikroskops taucht in den Probenraum oberhalb der Membran ein und dichtet das Flüssigkeitsreservoir gegenüber der Umgebung ab. Um eine axiale Verschiebbarkeit des Objektivs zu gewährleisten, wird für die Abdichtung eine spezielle Pneumatikstangendichtung verwendet. Die Positionierung des Fokuspunktes über den elektrischen Feintrieb des Mikroskops erlaubt die Aufnahme von Raman-Spektren in verschiedenen Ebenen der Membran und so die Bestimmung von Konzentrationsprofilen. In einem geschlossenen Regelkreis mit passendem Encoder ermöglicht der für die Positionierung verwendete Mikroprozessor eine mittlere Schrittgenauigkeit von ± 1 µm. Um beim Verschieben des Objektivs Druckänderungen und damit unerwünschte Bewegungen der Membran zu vermeiden, werden zwei Ausgleichsgefäße verwendet. Der hydrostatische Druckunterschied zwischen den beiden unterschiedlich hoch gefüllten Ausgleichsgefäßen gewährleistet zudem eine kontinuierliche, pulsationsfreie Umströmung des Objektivs zur Vermeidung von Lösemittelkonzentrationsgradienten und Temperaturgradienten in der Flüssigphase oberhalb der Membran.

Für die spektrale Analyse der chemischen Komponenten im Fokusvolumen des Objektivs wird ein monochromatischer, paralleler Laserstrahl über einen Kantenfilter und ein System von Spiegeln in Richtung der zu untersuchenden Probe reflektiert. Ein Kantenfilter besitzt zwei mehr oder weniger scharf voneinander getrennte Spektralbereiche, in denen der Filter durchlässig beziehungsweise undurchlässig ist. Der hier verwendete Kantenfilter reflektiert Licht mit einer Wellenlänge kleiner gleich der Wellenlänge des verwendeten Lasers.

Das Objektiv fokussiert den Laserstrahl auf ein Messvolumen innerhalb der Polymermembran. Durch die auftreffende Laserstrahlung werden innerhalb des Messvolumens Molekülschwingungsübergänge angeregt. Die elastische (Rayleigh) und inelastische (Raman) Streustrahlung (siehe Kap. 2.2.1) wird vom Objektiv gesammelt und über das System von Spiegeln zurück in Richtung des Kantenfilters reflektiert. Die zur eintretenden Laserstrahlung frequenzverschobene (langwelligere) Raman-Strahlung durchdringt den Kantenfilter, während der elastisch gestreute Anteil (Rayleigh-Strahlung) fast vollständig reflektiert wird. Anschließend wird die Raman-Strahlung durch eine Lochblende, das konfokale Pinhole, räumlich so gefiltert, dass Strahlung, die ihren Ursprung außerhalb der Fokusebene des Objektivs hat, ausgeblendet wird. Abb. 2.2 veranschaulicht das Funktionsprinzip des konfokalen Pinholes anhand dreier unterschiedlicher Strahlengänge.

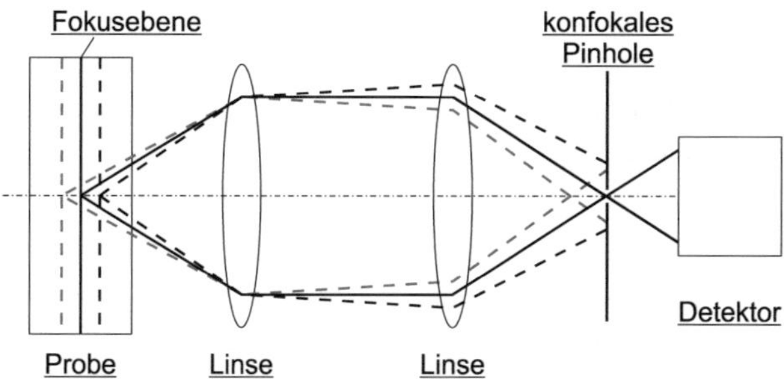

Abb. 2.2: Vereinfachtes Funktionsprinzip eines konfokalen Pinholes am Beispiel verschiedener Strahlengänge.

Das Raman-Streulicht wird dann an einem optischen Gitter spektral zerlegt und von einem peltiergekühlten CCD-Detektor (Charge Coupled Device) erfasst. Darin auftreffende Photonen werden in dotierten Siliziumkristallen absorbiert. Durch den Photoeffekt erzeugen sie dabei elektrische Ladungen. Die Signale des CCD-Detektors werden von einer Messsoftware auf einem Computer ausgelesen und als Spektrum dargestellt.

Um aus den gemessenen Einzelspektren in den verschiedenen Ebenen der Polymerprobe Zusammensetzungsprofile zu erhalten, werden die einzelnen Spektren quantitativ analysiert und ihrer jeweiligen Messposition zugeordnet. Vor einer detaillierten Beschreibung der quantitativen Analyse werden im folgenden Abschnitt kurz die theoretischen Grundlagen der Raman-Spektroskopie diskutiert.

2.2.1 Theoretische Grundlagen der Raman-Spektroskopie

Tritt monochromatisches Licht durch ein Gas, eine Flüssigkeit oder einen transparenten Festkörper hindurch, so wird es von den Atomen und Molekülen in geringem Umfang nach allen Seiten gestreut. Das Streulicht enthält neben der eingestrahlten Frequenz noch weitere Spektrallinien geringerer Intensität, deren Verschiebung charakteristisch für das durchstrahlte Medium ist. Dieser 1923 von Smekal theoretisch vorhergesagte und 1928 von Raman experimentell beobachtete Effekt wird als Raman-Effekt bezeichnet (siehe z. B. Wedler, 1997).

Eine quantenmechanische Betrachtung des Raman-Effektes zeigt, dass bei der Kollision zwischen einem Lichtquant mit der Energie $h \cdot v_0$ und einem Molekül entweder eine elastische Streuung auftritt, bei der sich lediglich der Impuls des Photons, nicht jedoch seine Energie ändert, oder eine inelastische Streuung, welche mit dem Austausch von Energie verbunden ist. Bei der elastischen Rayleigh-Streuung behält das Photon somit seine Frequenz v_0 bei, während bei der inelastischen Raman-Streuung das Streulicht gegenüber der anregenden Strahlung frequenzverschoben ist. Dabei wird die Frequenz- bzw. die Wellenzahlverschiebung durch die Eigenfrequenz der angeregten Moleküle bestimmt und ist unabhängig von der Wellenlänge des einfallenden Lichtes.

Die bei der Streuung auftretenden Effekte können, wie in Abb. 2.3 schematisch dargestellt, mit Hilfe diskreter quantenmechanischer Energieniveaus veranschaulicht werden. Demzufolge vereinigen sich Photon und Molekül und bilden kurzzeitig ein angeregtes Molekül in einem virtuellen Energiezustand. Dieses Molekül relaxiert sofort wieder, wobei das Photon in den Raum abgestrahlt wird. Kehrt das Molekül auf sein ursprüngliches Energieniveau zurück, so hat formal kein Übergang stattgefunden und es liegt Rayleigh-Streuung vor. Gibt das Molekül hingegen Energie an das Photon ab, so befindet es sich nach dem Streuvorgang auf einem tieferen Energieniveau und die Frequenz des Streulichtes ist größer als die des anregenden Lichtes ($v_{AS} > v_0$). Man spricht hier von einem Anti-Stokes-Übergang. Nimmt das Molekül hingegen Energie vom Photon auf, so relaxiert es in ein höheres Energieniveau. Die Frequenz des Streulichtes ist dann kleiner als die des anregenden Lichtes ($v_S < v_0$); es handelt sich um einen Stokes-Übergang.

Für die Intensität der Spektrallinien ist die Besetzung der jeweiligen Energiezustände maßgebend. Da sich bei Raumtemperatur nur eine geringe Anzahl an Molekülen im angeregten Zustand befindet, wird für die quantitative Analyse das stärker ausgeprägte Molekülschwingungsspektrum im Stokes-Bereich verwendet. Nur eines von etwa 10^7 Photonen wird Stokes-Raman gestreut, so dass diese Art der Spektroskopie eine monochromatische Lichtquelle hoher Strahlungsintensität erfordert. Da ferner die Intensität der Streuung mit der vierten Potenz der eingestrahlten Wellenlänge abnimmt, bietet es sich an, einen möglichst kurzwelligen Laser zu verwenden. Dabei muss jedoch beachtet werden, dass Strahlung zu hoher Frequenz unerwünschte Elektronenübergänge (Fluoreszenz) anregen kann, welche die deutlich schwächere Raman-Strahlung überdecken.

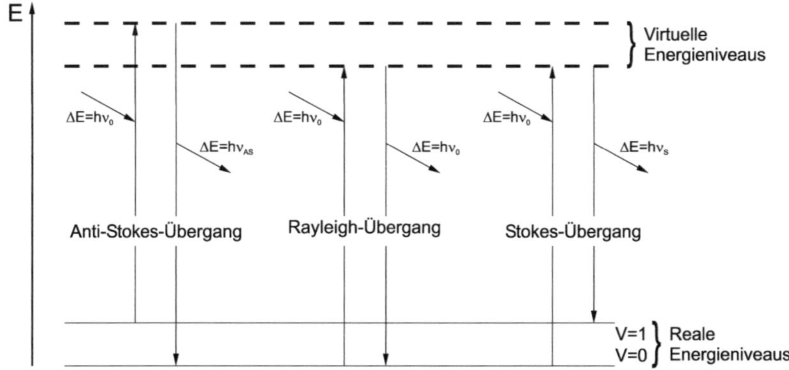

Abb. 2.3: Schematische Darstellung der möglichen Schwingungsübergänge.

Zur Charakterisierung der inelastischen Streustrahlung wird in einem Raman-Spektrum die Intensität des Raman-Signals über der Wellenzahlverschiebung gegenüber der einfallenden Strahlung, dem Raman-Shift, aufgetragen. Bei gleicher Absorptionscharakteristik des CCD-Detektors ergibt sich so, unabhängig von der Frequenz des anregenden Lasers, stets das gleiche Raman-Spektrum. Die streuenden Substanzen weisen charakteristische Banden im Raman-Spektrum auf, anhand derer sie identifiziert werden können. Diese Peaks lassen sich den Schwingungs- und Rotationsbewegungen der zugrunde liegenden chemischen Bindungen zuordnen.

In Abb. 2.4 ist beispielhaft das Spektrum des ternären Stoffsystems Wasser-Methanol-Nafion® mit seinen charakteristischen Banden dargestellt. Das Signal der OH-Bindung, welches auf die Komponente Wasser hinweist, liegt in einem Bereich von 3200-3400 cm^{-1} Wellenzahlen. Für Methanol liefern die aliphatischen C-H-Bindungen im Wellenzahlbereich 2800-3000 cm^{-1} charakteristische Raman-Signale.

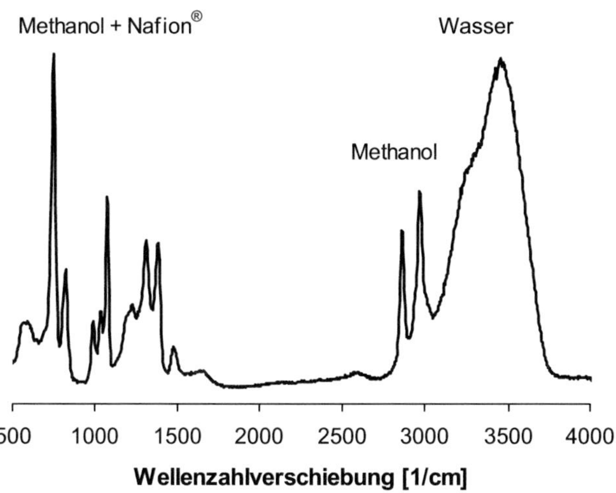

Abb. 2.4: Raman-Spektrum des ternären Stoffsystems Wasser-Methanol-Nafion®.

Aufgrund seiner vollständig fluorierten Struktur weist Nafion® keine aliphatischen C-H-Bindungen auf; das charakteristische Raman-Spektrum enthält daher keine Signale im Bereich von 2800 bis 3800 cm^{-1} sondern lediglich im sog. „Fingerprint"-Bereich zwischen 500 und 2000 cm^{-1}.

Für die Untersuchung der Stofftransportvorgänge von Wasser und Alkohol in Brennstoffzellenmembranen müssen aus den gemessenen Raman-Spektren die lokalen Lösemittelkonzentrationen bestimmt werden. Im folgenden Abschnitt wird daher die Vorgehensweise zur quantitativen Auswertung von Raman-Spektren erläutert.

2.2.2 Quantitative Auswertung von Raman-Spektren

Von besonderem Vorteil für die quantitative Auswertung von Raman-Spektren ist die lineare Abhängigkeit der Intensität der Raman-Strahlung einer bestimmten Komponente von ihrer Konzentration:

$$I_i = \underbrace{\frac{\partial \sigma_i}{\partial \Omega} \cdot \frac{c_i}{\widetilde{M}_i}}_{\substack{stoffabhängige \\ Faktoren}} \cdot \underbrace{N_A \cdot V \cdot \Omega_{obs} \cdot F^{-1} \cdot C \cdot I_0}_{\substack{konstante\ experimentelle \\ Faktoren}} \tag{2.2}$$

mit:

c_i = Konzentration der Komponente i

$\widetilde{M}_i$ = Molmasse der Komponente i

N_A = Avogadro-Konstante

V = Beobachtungsvolumen

Ω_{obs} = Beobachtungswinkel des Objektivs

F = Projektionsfläche Detektoröffnung auf Beobachtungsvolumen

C = Konstante zur Berücksichtigung der Effizienz d. Detektorsystems

I_0 = Intensität der Anregungsstrahlung

Der differentielle Streuquerschnitt $\partial \sigma_i / \partial \Omega$ enthält die spektralen Eigenschaften der chemischen Spezies.

Bei der Untersuchung von Polymersystemen interessiert allerdings weniger die absolute Intensität der Raman-Signale einzelner Teilchenspezies, sondern das Verhältnis der einzelnen Komponenten zueinander. Bezieht man somit die Intensität der Komponente i auf die Intensität einer Komponente j, ergibt sich folgender Ausdruck:

$$\frac{I_i}{I_j} = \frac{\left(\dfrac{\partial \sigma_i}{\partial \Omega} \cdot \dfrac{c_i}{\widetilde{M}_i}\right)}{\left(\dfrac{\partial \sigma_j}{\partial \Omega} \cdot \dfrac{c_j}{\widetilde{M}_j}\right)} \cdot \underbrace{\frac{N_A \cdot V \cdot \Omega_{obs} \cdot F^{-1} \cdot C \cdot I_0}{N_A \cdot V \cdot \Omega_{obs} \cdot F^{-1} \cdot C \cdot I_0}}_{=1} \tag{2.3}$$

Mit folgender Definition einer Beladung von Komponente i zu Komponente j

$$X_{i/j} = \frac{m_i}{m_j} = \frac{m_i / V_{ges}}{m_j / V_{ges}} = \frac{c_i}{c_j} \tag{2.4}$$

kann Gleichung (2.3) umgeformt werden, und es ergibt sich für das Intensitätsverhältnis folgender Ausdruck:

$$\frac{I_i}{I_j} = \underbrace{\left(\frac{\partial \sigma_i / \partial \Omega}{\partial \sigma_j / \partial \Omega}\right) \cdot \frac{\tilde{M}_j}{\tilde{M}_i}}_{=K_{i/j}} \cdot X_{i/j} = K_{i/j} \cdot X_{i/j} \tag{2.5}$$

Ist der Proportionalitätsfaktor $K_{i/j}$ eine Konstante, so ist das Intensitätsverhältnis der Raman-Strahlung von Komponente i und Komponente j eine lineare Funktion der Beladung $X_{i/j}$.

Für die Untersuchung der Stofftransportvorgänge in Brennstoffzellenmembranen muss als Randbedingung die Zusammensetzung der Alkohol-Wasser-Lösung oberhalb der Membran (siehe Abb. 2.1) bestimmt werden. Entsprechend werden bei der Auswertung der Messdaten zunächst die binären Teilstoffsysteme Methanol-Wasser bzw. Ethanol-Wasser spektral analysiert. Für die binäre Auswertung erhält man aus Gleichung (2.5) folgenden Ausdruck:

$$\frac{I_i}{I_2} = K_{i/2} \cdot X_{i/2} \tag{2.6}$$

mit: $i = 1$ für Methanol oder Ethanol

2 = Wasser

Zur Bestimmung der Konzentrationsprofile von Wasser und Alkohol in Nafion® müssen die Messdaten innerhalb der Membran auch ternär ausgewertet werden. Dementsprechend folgt aus Gleichung (2.5):

$$\frac{I_i}{I_P} = K_{i/P} \cdot X_{i/P} \tag{2.7}$$

mit: $i = 1, 2$

1 = Methanol oder Ethanol

2 = Wasser

P = Polymer (Nafion®)

Für die verschiedenen Stoffsysteme müssen die Proportionalitätsfaktoren aus Kalibriermessungen ermittelt werden. Dazu müssen bei bekannter Zusammensetzung die jeweiligen Intensitätsverhältnisse im gemessenen Spektrum bestimmt werden.

Zur Bestimmung der Intensitätsverhältnisse gibt es unterschiedliche Vorgehensweisen. Im einfachsten Fall werden die Maximalwerte komponentenspezifischer Raman-Banden aufeinander bezogen, wobei Form und Verlauf des Spektrums unberücksichtigt bleiben. Für eine genauere Analyse können die Flächen unter den spezifischen Signalbanden nach Abzug der zugehörigen Basislinie (engl. „Baseline"), die die Raman-Signale von ihrem spektralen Hintergrund trennt, miteinander verglichen werden. Diese Auswertemethode wurde in Arbeiten zur Polymerfilmtrocknung bereits erfolgreich angewandt (Schabel, 2004). Die mittleren Abweichungen bei der Bestimmung der lokalen Lösemittelbeladung lagen je nach Stoffsystem im Bereich zwischen $\pm\,0{,}02$ und $\pm\,0{,}04$ $g_{Lsm}/g_{Polymer}$. Für die experimentelle Untersuchung von Stofftransportvorgängen in Brennstoffzellenmembranen, bei denen beispielsweise die Beladung von Wasser mit Methanol bei einer maximalen Alkoholkonzentration von 2 mol/l oberhalb der Membran nur etwa 0,07 $g_{Methanol}/g_{Wasser}$ beträgt, ist eine solche Konzentrationsauflösung nicht ausreichend. Im Rahmen dieser Arbeit wurde daher eine neue, quantitativ genauere Auswerteprozedur entwickelt, bei der im Wesentlichen die Form der gemessenen Raman-Spektren berücksichtigt wird. Abb. 2.5 zeigt die Reinstoffspektren der Einzelkomponenten Methanol, Ethanol und Wasser, sowie die Spektren der ternären Stoffsysteme innerhalb einer Nafion®-Membran.

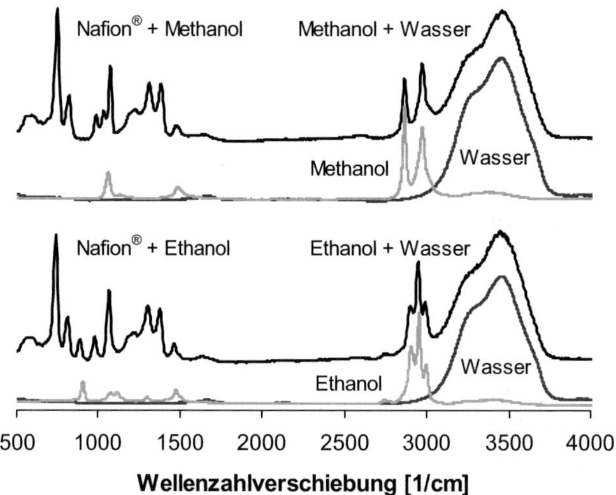

Abb. 2.5: Raman-Spektren der Stoffsysteme Methanol-Wasser-Nafion® und Ethanol-Wasser-Nafion® und ihrer Reinstoffe.

Um in einem gemessenen Spektrum das Intensitätsverhältnis I_i/I_j zu bestimmen, wird zunächst versucht, den auf seinen Maximalwert bezogenen und Baseline korrigierten Signalverlauf durch gewichtete Überlagerung der jeweiligen Reinstoffspektren darzustellen. Dazu wird für jede Wellenzahl $\tilde{v}_k$ innerhalb eines vorher definierten spektralen Bereichs die Gesamtintensität als Summe der normierten und Baseline korrigierten Reinstoffintensitäten dargestellt. Für ein Stoffsystem mit n Komponenten folgt:

$$I_{ges}\left(\tilde{v}_k\right) = \sum_{m=1}^{n-1} \alpha_m \cdot I_{m,rein}\left(\tilde{v}_k\right) + \left(1 - \sum_{m=1}^{n-1} \alpha_m\right) \cdot I_{n,rein}\left(\tilde{v}_k\right) \tag{2.8}$$

Das entstehende Gleichungssystem wird durch Minimierung der Fehlerquadratsumme zwischen gemessenem und berechnetem Spektrum unter Variation der $n-1$ unabhängigen Gewichtungsfaktoren α_m gelöst. Die Minimierung der Fehlerquadratsumme erfolgt durch eine implementierte FORTRAN-Routine (NAG Library) innerhalb eines VISUAL BASIC-Programms unter Microsoft Excel. Die einzelnen - zum Teil temperatur- und pH-Wert-abhängigen - Reinstoffspektren sind dem Programm als Messdaten hinterlegt. Eine detailliertere Betrachtung der möglichen Einflussgrößen auf die Raman-Spektren der Reinstoffe findet sich in Abschnitt 4.2.

Aus den Gewichtungsfaktoren lassen sich die Intensitätsverhältnisse allgemein (für n-Komponenten-Systeme) nach Gleichung (2.9) bestimmen.

$$I_i/I_j = \frac{\alpha_i}{\alpha_j}, \text{ bzw. } I_i/I_n = \alpha_i \left/ \left(1 - \sum_{m=1}^{n-1} \alpha_m\right)\right. \tag{2.9}$$

Abb. 2.6 zeigt das gemessene und das vom Auswerteprogramm durch gewichtete Überlagerung der Einzelspektren angepasste Spektrum für das Stoffsystem Methanol-Wasser-Nafion$^{®}$. Eine Darstellung für das Stoffsystem Ethanol-Wasser-Nafion$^{®}$ findet sich im Anhang (siehe Abb. A 2.1). Der Vergleich beider Spektren zeigt, dass sich das gemessene Raman-Spektrum sehr gut durch eine Überlagerung der zugehörigen Reinstoffspektren darstellen lässt. Aus den Kalibriermessungen in Abschnitt 4.2 wird deutlich, dass z. B. die Zusammensetzung der Alkohol-Wasser-Mischung oberhalb der Membran (siehe Abb. 2.1) durch die neu entwickelte Auswertemethode auf bis zu $\pm$ 0,0004 $g_{Alkohol}/g_{Wasser}$ genau bestimmt werden kann. Die Genauigkeit der Konzentrationsauswertung wurde demnach gegenüber früheren Auswertemethoden um ein <u>Vielfaches</u> gesteigert. Dies ermöglicht erstmals die <u>quantitative</u> Bestimmung der Konzentrationsprofile von Wasser und Alkohol in Brennstoffzellenmembranen.

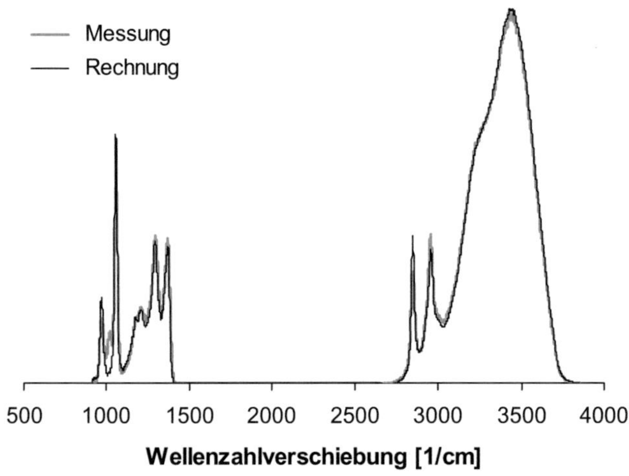

Abb. 2.6: Vergleich zwischen gemessenem und zusammengesetztem Spektrum für das Stoffsystem Methanol-Wasser-Nafion®.

Da es sich bei der Raman-Spektroskopie um ein optisches Messverfahren handelt, kann es während der Messung zu Abbildungsfehlern durch Brechungseffekte im Strahlengang des Objektivs kommen. Solche Abbildungsfehler können zu einer Aufweitung des Fokuspunktes und zu einer Verschiebung der tatsächlichen Lage des Fokuspunktes gegenüber der nominellen Fokustiefe führen. Um eventuelle Fehler bei der Auswertung berücksichtigen und gegebenenfalls korrigieren zu können, ist eine genauere Betrachtung der stoffsystemspezifischen Ortsauflösung notwendig.

2.2.3 Ortsauflösung und Tiefeninformation

Die Qualität der gesammelten Informationen hängt bei lichtmikroskopischen Untersuchungen in erster Linie von den optischen Eigenschaften des verwendeten Objektivs ab. Das Auflösungsvermögen wird dabei von der räumlichen Ausdehnung des Fokuspunktes bestimmt. Zur Messung von Tiefenprofilen ist vor allem die axiale Auflösung von entscheidender Bedeutung. Die untersuchten Polymerfilme werden senkrecht zur optischen Achse des einfallenden Laserstrahls als homogen betrachtet; daher spielt die laterale Auflösung in diesem speziellen Fall eine untergeordnete Rolle. Durchdringt der Laserstrahl auf seinem Weg vom Objektiv zum Probenvolumen Medien mit unterschiedlichen Brechungsindizes, so kann es aufgrund von Brechungseffekten zu einer erheblichen axialen Aufweitung des Fokuspunktes kommen. Zusätzlich verschiebt sich der tatsächliche Fokuspunkt gegenüber der nominellen Fokustiefe. Um präzise Aussagen über die Lage des untersuchten Probenvolumens treffen zu können, ist eine exakte Bestimmung der Position des Fokuspunktes unbedingt nötig. Im Folgenden wird eine Methode zur Berechnung der axialen Lage und Ausdehnung des Fokuspunktes am Beispiel eines Immersionsobjektivs vorgestellt. Den Strahlengang eines Lasers vom Objektiv durch das Immersionsmedium bis in die Polymermembran zeigt Abb. 2.7.

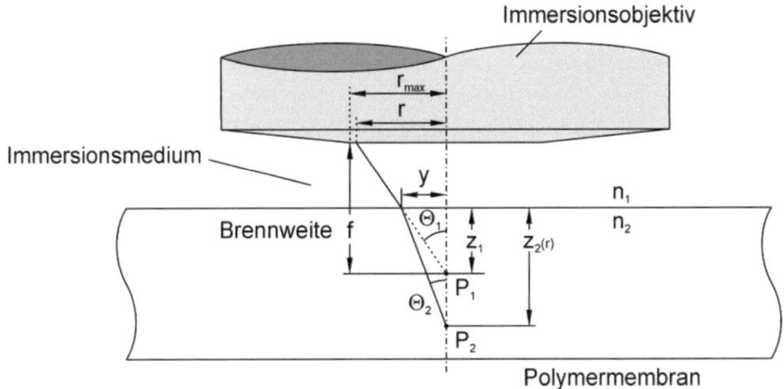

Abb. 2.7: Schematische Darstellung des Strahlengangs bei der Untersuchung einer Polymermembran mit einem Immersionsobjektiv.

Bei einem Immersionsobjektiv befindet sich eine Immersionsflüssigkeit zwischen der Objektivlinse und der untersuchten Probe. In unserem Fall dient das Wasser-Alkohol-Gemisch oberhalb der Membran als Immersionsmedium. Da das verwendete Wasserimmersionsobjektiv (Zeiss „Achroplan" 100x / 1,0W) speziell auf den Brechungsindex von Wasser angepasst ist, gehen wir zunächst davon aus, dass sich oberhalb der Membran reines Wasser befindet. In diesem Fall wird der Laserstrahl auf seinem Weg vom Objektiv bis zur Polymerprobe nicht gebrochen. Erst an der Phasengrenze zur Polymermembran wird der Strahlengang beeinflusst. Unter Vernachlässigung von Beugungseffekten lässt sich die Ablenkung nach dem Brechungsgesetz von Snellius (z. B. Atkins, 1996) wie folgt berechnen:

$$n_1 \cdot sin\Theta_1 = n_2 \cdot sin\Theta_2 \Leftrightarrow sin\Theta_1 = n \cdot sin\Theta_2 \quad mit : n = \frac{n_2}{n_1} \tag{2.10}$$

Da die im Rahmen dieser Arbeit untersuchten Proben im betrachteten Temperaturbereich einen Brechungsindex größer als Wasser aufweisen, wird der Laserstrahl vom Lot weg gebrochen (d.h.: $\Theta_2 < \Theta_1$). Zur Berechnung der Lage $z_2(r)$ (siehe Abb. 2.7) des tatsächlichen Fokuspunktes eines Laserstrahls, der das

Objektiv mit einem Abstand r zur optischen Achse verlässt, werden zusätzlich einige einfache trigonometrische Beziehungen benötigt. Es gilt:

$$sin\,\Theta_1 = \frac{r}{\sqrt{r^2 + f^2}} \quad , \quad cos\,\Theta_1 = \sqrt{1 - sin^2\,\Theta_1} \tag{2.11}$$

$$sin\,\Theta_2 = \frac{r}{n \cdot \sqrt{r^2 + f^2}} \quad , \quad cos\,\Theta_2 = \sqrt{1 - \frac{sin^2\,\Theta_1}{n}} \tag{2.12}$$

$$z_2(r) = \frac{y}{tan\,\Theta_2} = \frac{z_1 \cdot tan\,\Theta_1}{tan\,\Theta_2} \tag{2.13}$$

Durch Umformung und Einsetzen erhält man:

$$z_2(r) = \frac{z_1}{f} \cdot \sqrt{n^2 \cdot \left(r^2 + f^2\right) - r^2} \qquad \left(r \leq r_{max}\right) \tag{2.14}$$

Die Brennweite f ist durch die Linse des verwendeten Objektivs festgelegt. Über die Numerische Apertur (NA) des Objektivs lässt sich ein Zusammenhang zwischen Brennweite und dem Abstand r_{max} eines randgängigen Strahls vom Linsenmittelpunkt herstellen. Die Numerische Apertur ist ein Maß für den maximalen Raumwinkel, in dem noch Lichtstrahlen von der Linse eingesammelt werden. Es gilt:

$$NA = sin\,\Theta_{max} \tag{2.15}$$

mit: Θ_{max} = Winkel eines randgängigen Strahls zur optischen Achse

Für ein Immersionsobjektiv wird in der Numerischen Apertur zusätzlich noch der Brechungsindex der Immersionsflüssigkeit berücksichtigt. Sie kann daher Werte größer als Eins annehmen. Es gilt:

$$NA^{IM} = n_{IM} \cdot sin\,\Theta_{max} \tag{2.16}$$

mit: n_{IM} = Brechungsindex der Immersionsflüssigkeit (hier: $n_{IM} = n_{Wasser}$)

Bei der Verwendung von Immersionsobjektiven ist zu beachten, dass in den folgenden Gleichungen die Definition der Numerischen Apertur aus Gleichung (2.15) verwendet wird. Der auf dem Objektiv angegebene Wert NA^{IM} muss also zunächst durch den Brechungsindex der Immersionsflüssigkeit geteilt werden. Aus Abb. 2.7 ergibt sich für die Brennweite zu:

$$f = r_{max} \cdot \frac{\sqrt{1 - NA^2}}{NA} \tag{2.17}$$

Durch Substitution der Brennweite in Gleichung (2.14) und Einführung eines dimensionslosen Radius $m = r / r_{max}$ erhält man:

$$z_2(m) = z_1 \cdot \left(m^2 \cdot \frac{NA^2 \cdot (n^2 - 1)}{1 - NA^2} + n^2 \right)^{1/2} \tag{2.18}$$

Die maximale axiale Aufweitung des Fokuspunktes (engl. depth of focus = d.o.f.) erhält man als Abstand der Fokuspunkte eines randgängigen Strahls ($m = 1$) und dem Strahl der senkrecht auf die Probenoberfläche fällt ($m = 0$).

$$d.o.f. = \left| z_2(m = 1) - z_2(m = 0) \right| = z_1 \cdot \left| \left(\frac{NA^2 \cdot (n^2 - 1)}{1 - NA^2} + n^2 \right)^{1/2} - n \right| \tag{2.19}$$

mit: z_1 = nominelle Fokustiefe

NA = Numerische Apertur

n = n_{Probe} / n_{IM}

Die Aufweitung des Fokuspunktes nimmt also linear mit der nominellen Fokustiefe zu. Je nach Versuchsaufbau und axialer Lage der nominellen Fokusebene kann die Aufweitung bei großen Unterschieden der Brechungsindizes n_1 und n_2 beträchtliche Ausmaße annehmen. Sind die Brechungsindizes gleich groß, wird der *d.o.f.* zu Null.

Es stellt sich die Frage, ob ein detektiertes Raman-Signal tatsächlich dem gesamten Bereich des Fokuspunktes entlang der optischen Achse entstammt. Dazu betrachtet man zunächst die Verteilung der Laserintensität entlang des aufgeweiteten Fokuspunktes. Sämtliche Strahlen, die die optische Achse in einem Punkt $z_2(m)$ schneiden, verlassen die Linse des Objektivs auf einem Kreisring mit dem dimensionslosen Radius m (s. Gl. (2.18)). Da der Umfang des Kreisrings proportional zu seinem Radius wächst, steigt auch die Laserintensität an der Stelle $z_2(m)$ proportional zu m. Unter der Voraussetzung einer Gaußverteilung für die Intensität des Laserstrahls lässt sich eine Art Schwerpunkt (engl.: center of gravity = *c.o.g.*) der Ausleuchtung entlang des beleuchteten Gebiets (*d.o.f.*) definieren. Innerhalb dieses Bereichs tritt die zu analysierende Raman-Streuung proportional zur lokalen Intensität der anregenden Laserstrahlung auf. Geht man weiterhin davon aus, dass ein durch inelastische Raman-Streuung entstandenes Photon nur dann durch das konfokale Pinhole den CCD-Detektor erreicht, wenn es im selben Winkel wie der einfallende Strahl emittiert wird, so ergibt sich für den Schwerpunkt der Raman-Strahlung folgender Ausdruck (Everall, 2000):

$$c.o.g. = z_1 \cdot \frac{\int_0^1 \left(m^2 \cdot \frac{NA^2 \cdot (n^2 - 1)}{1 - NA^2} + n^2 \right)^{1/2} \cdot m^2 \cdot exp\left(-\frac{2 \cdot m^2}{\Phi^2}\right) dm}{\int_0^1 m^2 \cdot exp\left(-\frac{2 \cdot m^2}{\Phi^2}\right) dm} \qquad (2.20)$$

mit: z_1 = nominelle Fokustiefe

    NA = Numerische Apertur

    m = dimensionsloser Linsenradius $r\,/\,r_{max}$

    n = $n_{Probe}\,/\,n_{IM}$

    Φ = Füllfaktor der Linse (hier: $\Phi = 1$)

Abb. 2.8 zeigt, dass die in dieser Arbeit betrachteten Stoffsystemkomponenten Methanol, Ethanol, Wasser und Nafion[®] vergleichsweise geringe Unterschiede im Brechungsindex aufweisen.

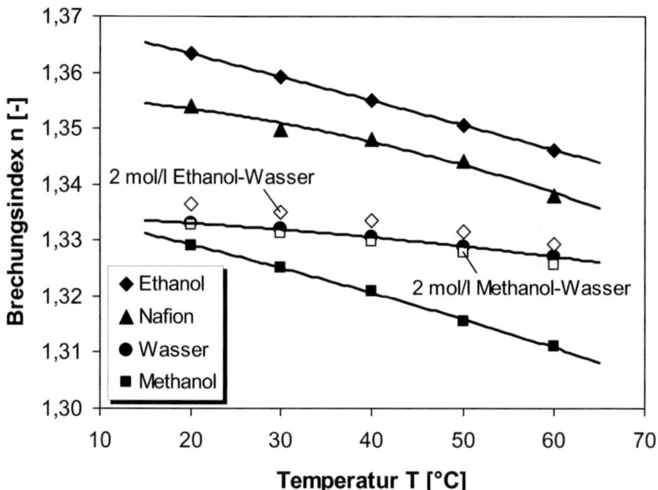

Abb. 2.8: Brechungsindizes von Methanol, Ethanol, Wasser und Nafion[®] als Funktion der Temperatur. Zur Bestimmung der temperaturabhängigen Brechungsindizes wurde ein Refraktometer der Firma Dr. Kernchen (ABBEMAT[®] Automatisches Digitalrefraktometer) verwendet.

Bei Alkoholanteilen von maximal 2 mol/l verändert sich der Brechungsindex der Wasser-Alkohol-Lösung oberhalb der Membran gegenüber dem Brechungsindex von reinem Wasser kaum. Folglich kann davon ausgegangen werden, dass der Strahlengang des Lasers zwischen Objektiv und Polymerprobe weitgehend unverändert bleibt. Erst in der Polymerprobe kommt es zu Brechungseffekten die zu einer Beeinflussung des Fokuspunktes führen können. Um den maximalen Effekt abschätzen zu können, betrachten wir das Stoffsystem Wasser-Nafion® bei 20°C; hier ist die Abweichung zwischen den Brechungsindizes von Wasser (n_{Wasser} = 1,333) und Nafion® (n_{Nafion} = 1,354) am größten. Nach Gleichung (2.20) folgt für das Verhältnis von *c.o.g.* zu nomineller Fokustiefe für den schlechtesten Fall einer vollständig ausgetrockneten Nafion®-Membran *c.o.g.*/z_1 = 1,025, die Aufweitung des Fokuspunktes beträgt dabei *d.o.f.*/z_1 = 0,02. Für eine 200 µm dicke Membran verschiebt sich entsprechend die Lage der tatsächlichen Fokustiefe um 5 µm, und der Fokuspunkt wird um maximal 4 µm aufgeweitet. Im Vergleich zu den Abmessungen der untersuchten Membranen sind diese Abweichungen gering. Eine Korrektur der nominellen Fokustiefe ist daher <u>für dieses Stoffsystem</u> nicht erforderlich.

Zur Bestimmung der stoffsystemspezifischen Ortsauflösung der Messtechnik bei unterschiedlichem Durchmesser des konfokalen Pinholes werden Raman-Tiefenscans an einer opaken, polierten Siliziumprobe ($\tilde{v}_k$ = 520 cm^{-1}) durchgeführt. Der entsprechende Versuchsaufbau ist schematisch in Abb. 2.9 dargestellt. Zur Überprüfung der vorangegangenen Überlegungen zum Einfluss der Lichtbrechung auf die Ortsauflösung wurden die Tiefenscans sowohl <u>ohne</u> (Abb. 2.9 links) als auch <u>mit</u> (Abb. 2.9 rechts) Membran zwischen Objektiv und Siliziumprobe durchgeführt.

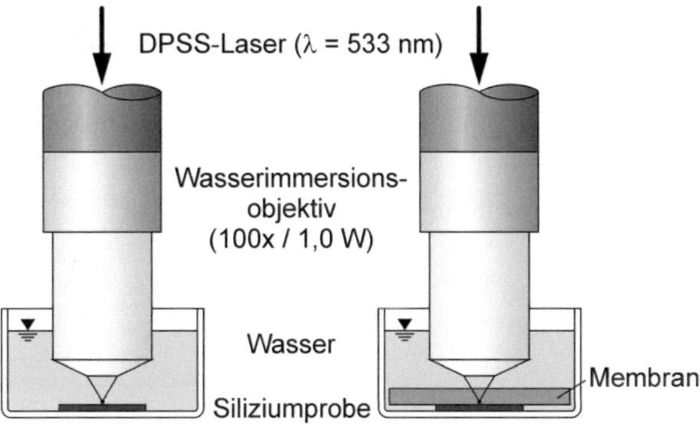

Abb. 2.9: Messung des Tiefenprofils an einer Siliziumprobe; links: ohne Membran, rechts: durch die Membran.

Bei den Messungen dringt der Laserstrahl nicht in die (opake) Silizium-probe ein; daher würde bei einem idealen Fokuspunkt ohne räumliche Ausdehnung nur ein einzelnes Messsignal auftreten. Aufgrund der räumlichen Ausdehnung und einer Intensitätsverteilung des Lasers über das Volumen des Fokuspunktes (s. o.) sind die in Abb. 2.10 dargestellten Intensitätsverläufe zu beobachten. Als Maß für das axiale Auflösungsvermögen wird der „full width at half maximum"-Wert (FWHM) verwendet, der die Breite des gemessenen Tiefenprofils bei der Hälfte der maximalen Intensität beschreibt.

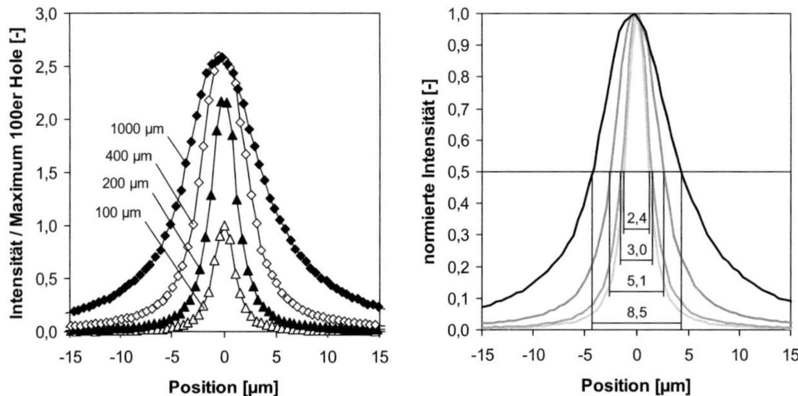

Abb. 2.10: Ortsauflösung bei unterschiedlichen Einstellungen des konfokalen Pinholes mit dem Wasserimmersionsobjektiv (100x / 1,0 W).

Abb. 2.10 links zeigt die gemessenen Intensitätsverläufe bei Pinholeöffnungen von 1000 µm, 400 µm, 200 µm und 100 µm. Die Intensitäten sind normiert auf die maximale Intensität des Tiefenscans mit 100 µm Pinholedurchmesser dargestellt. Um den Einfluss der Pinholeöffnung auf die Ortsauflösung besser darstellen zu können, wurden die Intensitätsverläufe in Abb. 2.10 rechts auf ihren jeweiligen Maximalwert normiert.

Bei vollständig geöffnetem Pinhole (1000 µm) dringt die meiste Strahlung zum Detektor durch; die maximale Intensität ist etwa 2,6-mal höher als bei einem Pinholedurchmesser von 100 µm. Abb. 2.10 rechts zeigt, dass die Ortsauflösung dabei mit einem FWHM-Wert von 8,5 µm sehr gering ist. Verkleinert man das konfokale Pinhole, so steigt die Ortsauflösung bis auf einen FWHM-Wert von 2,4 µm bei 100 µm Pinholedurchmesser an, gleichzeitig nimmt die Intensität des gemessenen Raman-Signals ab. Um kurze Messzeiten bei möglichst hoher Ortsauflösung realisieren zu können, wurde für die Untersuchungen im Rahmen dieser Arbeit ein Pinholedurchmesser von 200 µm gewählt. Die Ortsauflösung ist hier mit einem FWHM-Wert von 3 µm nur unwesentlich schlechter als bei 100 µm, die Intensität des Raman-Signals ist jedoch mehr als doppelt so hoch.

Um zu zeigen, dass es bei den Messungen im Inneren der Polymermembran zu keiner Beeinflussung der Ortsauflösung kommt, wurden die Tiefenscans an der Siliziumprobe <u>durch</u> eine mit Wasser gesättigte Nafion®-Membran hindurch wiederholt (Abb. 2.9 rechts). Die Ergebnisse der Messungen durch die Membran in Abb. 2.11 zeigen, dass die Ortsauflösung und auch die Intensität der detektierten Raman-Strahlung kaum beeinflusst werden.

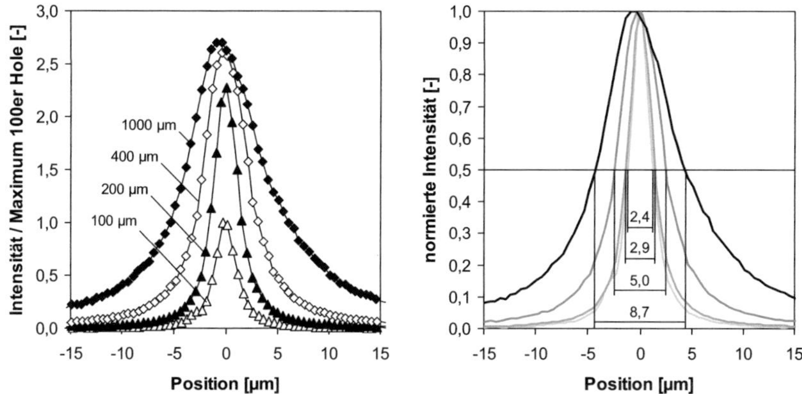

Abb. 2.11: Ortsauflösung durch eine Nafion®-Membran bei unterschiedlichen Einstellungen des konfokalen Pinholes mit dem Wasserimmersionsobjektiv (100x / 1,0 W).

Trotz der hohen Ortsauflösung führt die Ausdehnung des Fokuspunktes zu einer ungenaueren Bestimmung der Wasser- und Alkoholkonzentration im Bereich der Phasengrenze zwischen Alkohol-Lösung und Nafion®-Membran. Im folgenden Abschnitt wird eine im Verlauf dieser Arbeit entwickelte Methode zur Korrektur der gemessenen Beladungsprofile vorgestellt.

2.2.4 Korrektur der Konzentrationsprofile bei der Auswertung

Abb. 2.12 zeigt die entsprechend Abschnitt 2.2.2 während eines Tiefenscans bestimmten Intensitätsverhältnisse von Wasser zu Nafion® innerhalb einer mit Wasser gesättigten Membran. Dabei fällt auf, dass sich an der Phasengrenze zur Flüssigkeit sehr starke Gradienten des Intensitätsverhältnisses ausbilden. Dieses Phänomen ist nicht auf einen Konzentrationsgradienten zurückzuführen, sondern entsteht vielmehr aufgrund der räumlichen Ausdehnung des Fokuspunktes (siehe auch Deabate et al., 2008). Abb. 2.12 zeigt, wie ein räumlich ausgedehnter Fokuspunkt immer auch Informationen rechts und links seines Zentrums einsammelt. Aufgetragen werden die gesammelten Informationen aber über dem Mittelpunkt des Fokuspunktes.   Um eine Korrektur dieses Fehlers durchführen zu können, benötigt man Informationen über die Form und die Intensitätsverteilung des Fokuspunktes. Diese Informationen erhält man z. B. aus einem Tiefenscan an Silizium (vgl. Abschnitt 2.2.3).

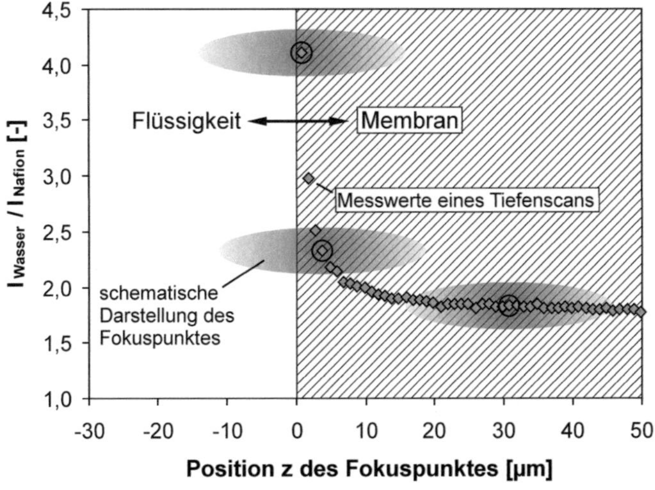

Abb. 2.12: Intensitätsverhältnis von Wasser zu Nafion® bei einem Tiefenscan in eine mit Wasser gesättigten Membran mit schematischer Darstellung des eintretenden Fokuspunktes.

Abb. 2.13 zeigt, dass bereits ab einem Abstand von ca. 15 µm zwischen dem Schwerpunkt des Fokuspunktes und der Siliziumprobe erste Raman-Signale detektiert werden. Dies ist der erste Berührpunkt des räumlich ausgedehnten Fokuspunktes mit der Oberfläche des opaken Siliziums. Charakteristisch für die Form und die Intensitätsverteilung des Fokuspunktes steigt das Signal bis zu einem Maximalwert an. An dieser Position befindet sich der Schwerpunkt des Laserfokus genau an der Oberfläche der Siliziumprobe. Wandert der Fokuspunkt weiter, so nimmt das Signal wieder ab, da nun die Intensität und die Querschnittsfläche des Fokuspunktes direkt an der Probenoberfläche wieder kleiner werden. Somit enthalten die Raman-Spektren während eines Tiefenscans an einer Siliziumprobe die gesamten Informationen über Form und Intensitätsverteilung des Fokuspunktes.

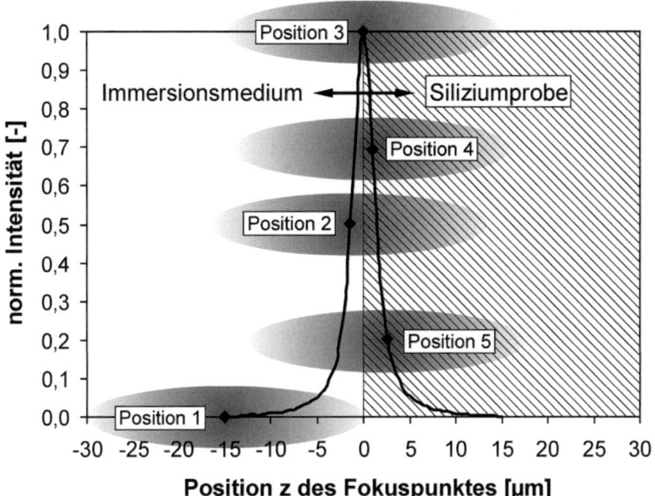

Abb. 2.13: Informationen über die Form und die Intensitätsverteilung des Fokuspunktes aus dem Tiefenscan an einer Siliziumprobe.

Für eine Korrektur der gemessenen Intensitätsverhältnisse von Wasser bzw. Alkohol zu Nafion® wird zunächst durch Integration die Fläche unter dem auf seinen Maximalwert bezogenen Intensitätsverlauf des Raman-Signals bei einem Tiefenscan an der Siliziumprobe berechnet (siehe Abb. 2.14).

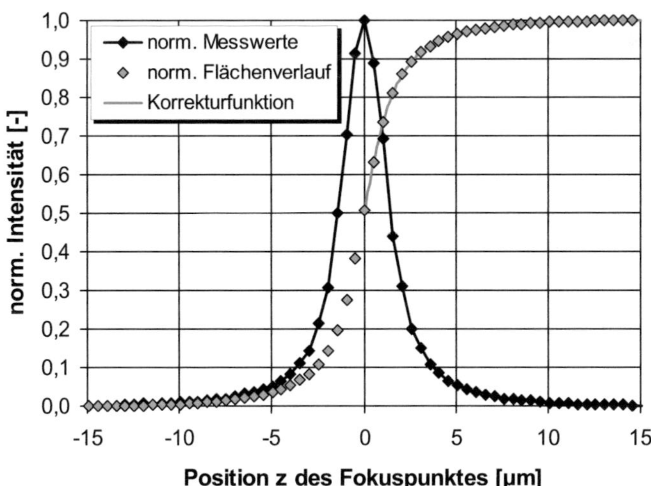

Abb. 2.14: Intensitätsverteilung des Raman-Signals beim Tiefenscan an einer Siliziumprobe mit Flächenverlauf und Korrekturfunktion (Pinholedurchmesser: 200 µm).

Der normierte Flächenverlauf beschreibt die Volumen- und Intensitätsverteilung des in die Membran eindringenden Fokuspunktes als Funktion der Fokusposition. Durch Anpassung mit einer Korrekturfunktion lässt sich für eine beliebige Position des Fokuspunktes ein Gewichtungsfaktor bestimmen, der Aufschluss darüber gibt, welcher Anteil des detektierten Raman-Signals der Probe entstammt und welcher Anteil dem Immersionsmedium (hier die Alkohol-Wasser-Lösung) zwischen Objektiv und Probe zuzuordnen ist.

Bei der Bestimmung der Korrekturfunktion ist zu beachten, dass der Verlauf der Signalintensität bei einem Silizium-Tiefenscan von der Wahl des konfokalen Pinholes abhängt (vergl. Abschnitt 2.2.3). Für den in dieser Arbeit verwendeten Pinholedurchmesser von 200 µm wurde aus Abb. 2.14 folgende Korrekturfunktion Ψ_{korr} als Funktion der Fokusposition z bestimmt:

$$\Psi_{korr} = f(z) = 1 - \left(\frac{1}{0{,}4803 \cdot (z+1)^{2{,}1461} + 1{,}4984} - 0{,}0054 \right) \tag{2.21}$$

Betrachtet man in Abb. 2.13 zum Beispiel die <u>Position 4</u> des Fokuspunktes, bei der der Fokuspunkt sowohl Informationen innerhalb als auch außerhalb der Membran einsammelt, so setzt sich das gemessenen Intensitätsverhältnis wie folgt zusammen:

$$\left(\frac{I_i}{I_P} \right)_{gem} = K_{i/P} \cdot X_{i/P,gem} = K_{i/P} \frac{m_i}{m_P} = K_{i/P} \left(\frac{m_{i,Fl} + m_{i,M}}{m_{P,M}} \right) \tag{2.22}$$

mit: $m_{i,Fl}$ = Masse i im flüssigseitigen Volumen des Fokuspunktes

       $m_{i,M}$ = Masse i im membranseitigen Volumen des Fokuspunktes

Ein ähnlicher Zusammenhang wurde zeitgleich und unabhängig von dieser Arbeit von Deabate et al. (2008) formuliert. Umformung von Gleichung (2.22) liefert:

$$K_{i/P} \cdot X_{i/P,gem} = K_{i/P} \left(\frac{c_{i,Fl} \cdot V_{Fl} + c_{i,M} \cdot V_M}{c_{P,M} \cdot V_M} \right) = K_{i/P} \left(\frac{c_{i,Fl} \cdot V_{Fl}}{c_{P,M} \cdot V_M} + \frac{c_{i,M}}{c_{P,M}} \right) \tag{2.23}$$

Mit $c_{i,M}/c_{P,M} = X_{i/P}$, $V_{Fl}/V_{ges} = (1 - \Psi_{korr})$ und $V_M/V_{ges} = \Psi_{korr}$ lässt sich Gleichung (2.23) umschreiben zu:

$$X_{i/P,gem} = \left(\frac{c_{i,Fl}}{c_{P,M}} \frac{(1 - \Psi_{korr})}{\Psi_{korr}} + \frac{c_{i,M}}{c_{P,M}} \right) = \left(\frac{c_{i,Fl}}{c_{P,M}} \frac{(1 - \Psi_{korr})}{\Psi_{korr}} + X_{i/P} \right) \tag{2.24}$$

Somit ergibt sich für die gemessene Lösungsmittelbeladung in der Membran folgender Zusammenhang:

$$X_{i/P,gem} = \left(\rho_i \cdot \varphi_{i,Fl} \cdot \left(\frac{1}{\rho_1} X_{1,M} + \frac{1}{\rho_2} \cdot X_{2,M} + \frac{1}{\rho_P} \right) \frac{(1 - \Psi_{korr})}{\Psi_{korr}} + X_{i/P} \right) \tag{2.25}$$

mit: $\quad c_{i,Fl} = \rho_i \cdot \varphi_{i,Fl}, \quad \varphi_i = \dfrac{V_i}{V_{ges}} \quad$ und $\quad c_{P,M} = \dfrac{1}{1/\rho_1 \cdot X_{1,M} + 1/\rho_2 \cdot X_{2,M} + 1/\rho_P}$

Die gemessene Beladung hängt demnach von den tatsächlichen Beladungen beider Lösungsmittel in der Membran und der Zusammensetzung der Flüssigphase außerhalb der Membran ab. Stellt man Gleichung (2.25) für die beiden Lösemittel Methanol bzw. Ethanol und Wasser auf, erhält man ein lineares Gleichungssystem, welches bei bekannter Flüssigphasenzusammensetzung durch Gleichung (2.26) eindeutig gelöst wird.

$$X_{i/P} = \left(\varphi_{j,Fl} + \varphi_{i,Fl} \Psi_{korr} \right) \cdot X_{i/P,gem} - \left(1 - \Psi_{korr} \right) \cdot \varphi_{i,Fl} \left(\frac{\rho_i}{\rho_P} + \frac{\rho_i}{\rho_j} X_{j/P,gem} \right) \tag{2.26}$$

Somit kann man aus den gemessenen Beladungen $X_{i/P,gem}$ und $X_{j/P,gem}$ und den Ergebnissen der binären Auswertung außerhalb der Membran $\varphi_{i,Fl}$ und $\varphi_{j,Fl}$ die tatsächliche Beladung $X_{i/P}$ der Membran berechnen. Bei der Korrektur wird jedoch nicht berücksichtigt, dass der korrigierte Bereich innerhalb der Membran unter Umständen ein Konzentrationsprofil aufweist.

In Abb. 2.15 sind beispielhaft die Ergebnisse von Tiefenscans in eine mit Wasser gesättigte Nafion®-Membran mit und ohne Korrektur dargestellt. Aufgrund der schlechteren Ortsauflösung (s. Abb. 2.10 und Abb. 2.11) weichen die Wasserbeladungen ohne Korrektur mit zunehmendem Durchmesser des konfokalen Pinholes immer stärker von den tatsächlichen Beladungen ab. Nach der Korrektur mit der zum jeweiligen Pinholdurchmesser zugehörigen Korrekturfunktion liegen die Messwerte aufeinander. Bemerkenswert ist an dieser Stelle, dass trotz Korrektur ein Wasserbeladungsprofil verbleibt, das bis etwa 50 µm in die Membran hineinreicht. Diese Beobachtung ist zunächst unerwartet, da im Gleichgewicht von einer über die Membrandicke homogenen Wasserverteilung auszugehen ist.

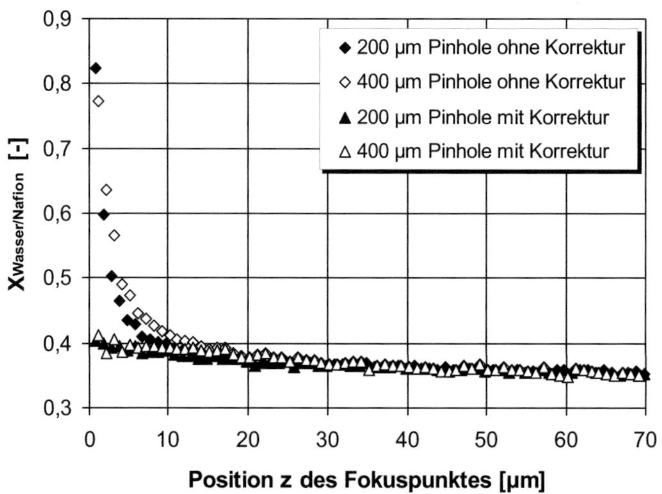

Abb. 2.15: Ergebnis einer ternären Auswertung für Wasser mit und ohne Korrektur

Untersuchungen mit unterschiedlichen Membranen zeigen, dass die beobachtete Zunahme der Wasserbeladung an der Membranoberfläche symmetrisch erfolgt, sofern die Membran auf beiden Seiten mit flüssigem Wasser in Kontakt steht (siehe Anhang A 3). Eine nähere Betrachtung liefert drei mögliche Erklärungsansätze:

1. Die Korrektur der Messdaten ist unvollständig.

2. Die Auswerteprozedur ist zu ungenau.

3. Die Struktur der Membran ist inhomogen und die Randbereiche sind tatsächlich stärker gequollen als die Mitte der Membran.

Gegen eine unvollständige Korrektur der Messdaten spricht, dass die korrigierten Wasserbeladungen für unterschiedliche Durchmesser des konfokalen Pinholes aufeinander liegen. Ungenauigkeiten bei der quantitativen Auswertung sind hingegen durchaus denkbar, da die Raman-Spektren des untersuchten Stoffsystems durch die experimentellen Randbedingungen beeinflusst werden (vergl. Abschnitt 4.2). Aber auch die dritte Möglichkeit, eine inhomogene Membranstruktur, ist vorstellbar. Da es sich bei Nafion® um ein physikalisch vernetztes Polymer handelt, könnte die übliche Vorbehandlung zur Überführung in den in dieser Arbeit untersuchten expandierten Zustand (vergl. Abschnitt 1.2) zu einer „Lockerung" der Polymerstruktur in den Randbereichen führen. Unter diesen Umständen wäre dann die Lösemittelaufnahme im oberflächennahen Bereich einer dünnen Membran tatsächlich höher als in der Mitte.

Leider finden sich in der Literatur bisher keine entsprechenden Hinweise zur eindeutigen Klärung des beobachteten Sachverhalts. In der einzigen vergleichbaren Arbeit zu diesem Thema verzichten Deabate et al. (2008) darauf, ihre gemessenen Konzentrationsprofile in entsprechender Form darzustellen.

Für die Untersuchungen im Rahmen der vorliegenden Arbeit wird daher davon ausgegangen, dass die Korrektur der gemessenen Beladungsprofile ausreichend ist und die in Kapitel 2.2.2 beschriebene Vorgehensweise eine quantitative Auswertung von Raman-Spektren mit der in Abschnitt 4.2 angegebenen Genauigkeit ermöglicht. Somit sind alle experimentellen Voraussetzungen für die Untersuchung der Stofftransportvorgänge von Wasser und Alkohol in Brennstoffzellenmembranen gegeben. Im folgenden Abschnitt wird nun die modellhafte Beschreibung der durchgeführten Experimente erläutert.

3 Modellhafte Beschreibung des Stofftransports

Im Betrieb einer Brennstoffzelle erfolgt der Stofftransport von Wasser und Alkohol innerhalb der Polymer-Elektrolyt-Membran aufgrund von molekularer Diffusion und Elektroosmose. Als Elektroosmose bezeichnet man in diesem Zusammenhang Wasser- und Alkohol-Schleppströme, die durch den Fluss hydratisierter Protonen von der Anode zur Kathode induziert werden. Entsprechend dem in Abb. 2.1 skizzierten Versuchsaufbau beschränken sich die Untersuchungen im Rahmen der vorliegenden Arbeit auf die Analyse der diffusiven Stofftransportvorgänge <u>ohne</u> überlagerten Protonenstrom, also ohne Elektroosmose. Zur Überprüfung von Stofftransportansätzen werden dazu erstmals gemessene Wasser- und Alkoholkonzentrationsprofile mit den Ergebnissen von Simulationsrechnungen verglichen. Abb. 3.1 zeigt schematisch die der Simulation zugrunde liegenden Modellvorstellungen für den verwendeten Versuchsaufbau (siehe Abb. 2.1).

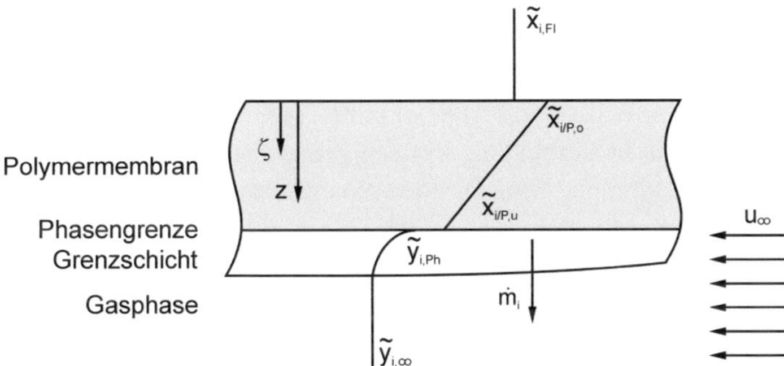

Abb. 3.1: Schematische Darstellung der Konzentrationsverläufe mit ortsfester Koordinate z beziehungsweise mitbewegter Koordinate ζ.

Die untersuchten Membranen stehen auf ihrer Oberseite mit einer flüssigen Alkohol-Wasser-Lösung in Kontakt und werden auf ihrer Unterseite von konditionierter Luft überströmt. Das Flüssigkeitsreservoir und der gesamte Strömungskanal lassen sich über Kältethermostaten unabhängig voneinander temperieren. Für die Simulation wird daher von isothermen Versuchsbedingungen ausgegangen. Die im Allgemeinen dreidimensionalen Stoffströme werden aufgrund der Membrangeometrie vereinfachend als eindimensional senkrecht zur Polymeroberfläche betrachtet. Wegen der kontinuierlichen Durchmischung des Flüssigkeitsreservoirs wird davon ausgegangen, dass der Stofftransportwiderstand entweder in der Membran oder in der Gasphase unterhalb der Membran liegt und somit ein flüssigseitiger Stoffübergangswiderstand vernachlässigbar ist.

Die Wasser- und Alkoholbeladungen an der Membranoberseite lassen sich entsprechend dem thermodynamischen Gleichgewicht nach einem Modell von Meyers & Newman (2002) aus der Zusammensetzung der verwendeten Lösung bestimmen. Da sich die Gleichgewichtsbeladungen verschiedener Membranen zum Teil deutlich unterscheiden (vergl. Abschnitte 1.2 und 4.2.2), werden die einzelnen Modellparameter (vergl. Abschnitt 3.2) je nach Membranvorgeschichte an eigene Messdaten angepasst. Die Aktivitäten der Lösemittel in der binären Flüssigphase werden in Abhängigkeit vom Alkoholanteil für das Stoffsystem Methanol-Wasser nach Margules und für das Stoffsystem Ethanol-Wasser nach van Laar berechnet. Eine Übersicht über die entsprechenden Gleichungen und die verwendeten Modellparameter findet sich im Anhang A 4. Zur Überprüfung werden in Abb. A 4.2 die berechneten Aktivitäten mit Messdaten aus der Datensammlung von Gmehling, Onken und Arlt (1982) verglichen.

Für die Beschreibung der Diffusion in der Membran wird die Gültigkeit des Fick'schen Gesetzes vorausgesetzt. Zunächst werden die Diffusionskoeffizienten durch Minimierung der Abweichungen zwischen gemessenen und berechneten Beladungsprofilen bei unterschiedlichen Versuchsbedingungen ermittelt. Eine zusätzliche Bestimmung der auf die Membranfläche bezogenen Pervaporationsraten von Wasser und Alkohol mit Hilfe von FT-IR-Messungen (vergl. Abschnitt 2.1) soll in Verbindung mit den gemessenen Beladungsprofilen auch eine <u>direkte</u> Bestimmung von Diffusionskoeffizienten ermöglichen. Quellung bzw. Schrumpfung des Polymers werden durch ein mitbewegtes Koordinatensystem und polymermassenbezogene Diffusionskoeffizienten berücksichtigt.

Der Stofftransport in der Gasphase ist über das thermodynamische Gleichgewicht auf der Gasseite an die Diffusion in der Membran gekoppelt. Die für die Simulationsrechnungen benötigten Lösemittelaktivitäten werden wieder nach dem Modell von Meyers & Newman (2002) berechnet. Im Gegensatz zu anderen Arbeiten (z. B. Siebke, 2003; Schultz, 2004) werden <u>keine</u> unterschiedlichen Ansätze zur Beschreibung des thermodynamischen Phasengleichgewichts an der Ober- und Unterseite der Membran verwendet, obwohl sich die Membran einmal mit Flüssigkeit und einmal mit Gas im Gleichgewicht befindet. Das Auftreten eines Schroeder'schen Paradoxes (vergl. Abschnitt 1.2) wird somit - zumindest für den verwendeten Versuchsaufbau und die damit verbundenen Gleichgewichtsrandbedingungen - ausgeschlossen.

Die folgenden Kapitel beschreiben detailliert die Vorgehensweise zur Simulation der gemessenen Wasser- und Alkoholbeladungsprofile bei der Pervaporation durch eine Nafion®-Membran. In Kapitel 3.1 wird zunächst die Beschreibung des Stofftransports in der Gasphase erläutert.

3.1 Stofftransport in der Gasphase

Der Stofftransport in der Gasphase lässt sich mit Hilfe der Stefan-Maxwell-Gleichungen[4] (siehe z. B. Bird, Stewart, Lightfoot, 1960) beschreiben. Der Ansatz nach Josef Stefan und James Clerk Maxwell (1867) stützt sich auf eine molekulare Reibungs- und Stoßtheorie. Für ideale Gase eines n-Komponentensystems gilt:

$$\frac{d\widetilde{y}_i}{dz} = \sum_{j=1}^{n} \frac{1}{\widetilde{\rho}_g \cdot D_{ij}^{SM}} \cdot \left(\widetilde{y}_i \cdot \dot{n}_j - \widetilde{y}_j \cdot \dot{n}_i\right) \tag{3.1}$$

mit: $\widetilde{y}_{i,j}$ = Molenbruch der Komponente i bzw. j in der Gasphase

       z = Wegkoordinaten

       $\widetilde{\rho}_g$ = molare Dichte der Gasphase

       D_{ij}^{SM} = Stefan-Maxwell-Diffusionskoeffizient

       $\dot{n}_{i,j}$ = Stoffstrom der Komponente i bzw. j

Gleichung (3.1) lässt sich für binäre Systeme ($n = 2$) mit einseitiger Diffusion exakt lösen (Schlünder, 1984). Man erhält für den flächenbezogenen Stoffstrom einer Komponente i:

$$\dot{n}_i = \beta_{ig} \cdot \widetilde{\rho}_g \cdot ln\left(\frac{1 - \widetilde{y}_{i,\infty}}{1 - \widetilde{y}_{i,Ph}}\right) \tag{3.2}$$

mit: β_{ig} = Stoffübergangskoeffizient $= \dfrac{D_{ig}^{SM}}{S} = \dfrac{Diffusionskoeffizient}{Grenzschichtdicke}$

       $\widetilde{y}_{i,\infty}$ = Molenbruch der Komponente i in der Gasphase (Bulk)

       $\widetilde{y}_{i,Ph}$ = Molenbruch der Komponente i an der Phasengrenze

Im Fall von ternären Systemen ($n = 3$) ist eine geschlossene Lösung nur unter bestimmten Annahmen möglich. Krishna und Standart (1976) verwenden zur Lösung des Gleichungssystems (3.1) eine Matrix-Methode, die mit erheblichem mathematischem Aufwand verbunden ist. Bissinger (2002) konnte in ihrer Arbeit zeigen, dass eine vereinfachte Lösung der bekannten Stefan-Maxwell-Gleichungen nur unwesentlich von der exakten Lösung nach Krishna und Stand-

---

[4] Die Stefan-Maxwell-Gleichungen wurden von James Clerk Maxwell für verdünnte Gase und Josef Stefan für Flüssigkeiten parallel und unabhängig voneinander entwickelt.

art abweicht. Für die vereinfachte Lösung geht man zunächst davon aus, dass alle binären Diffusionskoeffizienten gleich sind (d.h.: $D_{12}^{SM} = D_{13}^{SM} = D_{23}^{SM}$). Die gekoppelten Differentialgleichungen aus Gleichung (3.1) lassen sich nun entkoppeln und man erhält:

$$\dot{n}_i = \beta_{ig} \cdot \widetilde{\rho}_g \cdot \dot{r}_i \cdot ln\left(\frac{\dot{r}_i - \widetilde{y}_{i,\infty}}{\dot{r}_i - \widetilde{y}_{i,Ph}}\right) \text{ oder } \dot{m}_i = \widetilde{M}_i \cdot \beta_{ig} \cdot \widetilde{\rho}_g \cdot \dot{r}_i \cdot ln\left(\frac{\dot{r}_i - \widetilde{y}_{i,\infty}}{\dot{r}_i - \widetilde{y}_{i,Ph}}\right) \quad (3.3)$$

mit: $\dot{r}_i = \dot{n}_i / \sum \dot{n}_i$ (relativer Stoffstrom)

Für binäre Systeme und einseitige Diffusion geht Gleichung (3.3) in (3.2) über. In dieser mathematisch vereinfachten Form der Stefan-Maxwell-Gleichungen werden dann, entgegen der weiter oben getroffenen Vereinfachung, für die Berechnung der verschiedenen Stoffübergangskoeffizienten unterschiedliche Diffusionskoeffizienten (d.h.: $D_{12}^{SM} \neq D_{13}^{SM} \neq D_{23}^{SM}$) verwendet. Durch die geringe Abweichung von der exakten Lösung ist die zunächst widersprüchlich erscheinende Vorgehensweise gerechtfertigt.

Die Stoffübergangskoeffizienten β_{ig} werden üblicherweise durch eine Sherwood-Korrelation in der Form $Sh = f(Re, Sc, Geometrie)$ berechnet. Untersuchungen im Rahmen einer Diplomarbeit (Zhou, 2008) haben gezeigt, dass zur Beschreibung des Stofftransports am Messpunkt der entsprechende lokale Stoffübergangskoeffizient verwendet werden muss. Die Verwendung mittlerer Stoffübergangskoeffizienten kann - je nach Versuchsaufbau - zu signifikanten Fehlern führen. Zur Berechnung der lokalen Sherwood-Zahl findet man bei Brauer (1971) für laminar überströmte Platten folgenden Ansatz:

$$Sh_{x+x_0} = \frac{\beta_{ig,x+x_0} \cdot (x + x_0)}{D_{ig}^{SM}} = 0{,}332 \cdot \sqrt{Re_{x+x_0}} \cdot \sqrt[3]{Sc_i} \cdot \left[1 - \left(\frac{x_0}{x + x_0}\right)^{3/4}\right]^{-1/3} \quad (3.4)$$

mit: x = charakteristische Länge der Konzentrationsgrenzschicht

        x_0 = Versatz zwischen hydrodyn. und Konzentrationsgrenzschicht

        Re_{x+x_0} = lokale Reynoldszahl ($Re_{x+x_0} = u \cdot (x + x_0)/\nu_g$)

        Sc_i = Schmidt-Zahl ($Sc_i = \nu_g / D_{ig}^{SM}$)

        u = Überströmungsgeschwindigkeit

        ν_g = kinematische Viskosität des Gases

In der hier verwendeten Form beinhaltet Gleichung (3.4) insbesondere die Möglichkeit, einen Versatz x_0 zwischen dem Beginn der hydrodynamischen

Grenzschicht und dem Beginn der Konzentrationsgrenzschicht zu berücksichtigen. Zur Verdeutlichung zeigt Abb. 3.2 den möglichen Versatz zwischen hydrodynamischer Grenzschicht und Konzentrationsgrenzschicht am Beispiel der Polymerfilmtrocknung auf einer laminar überströmten Platte.

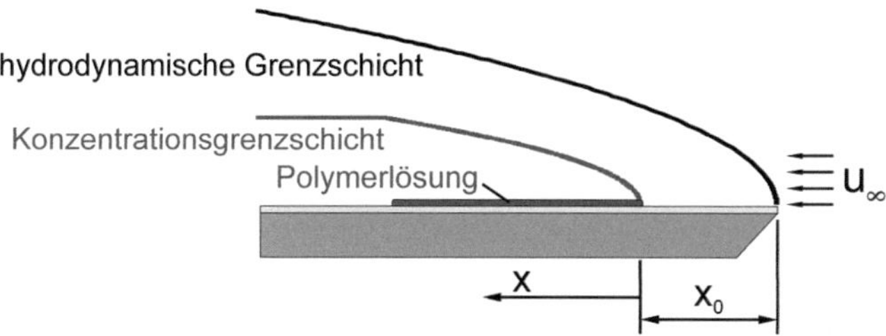

Abb. 3.2: Möglicher Versatz x_0 zwischen hydrodynamischer Grenzschicht und Konzentrationsgrenzschicht bei der Trocknung von Polymerlösungen auf einer laminar überströmten Platte.

Um die eventuell zu berücksichtigende Versatzlänge x_0 für die Beschreibung des gasseitigen Stoffübergangs bei den in dieser Arbeit durchgeführten Pervaporationsexperimenten zu ermitteln, ist in Abb. 3.3 die Geometrie des „kleinen" Strömungskanals (vergl. Abschnitt 2.1 und Abb. 2.1) dargestellt.

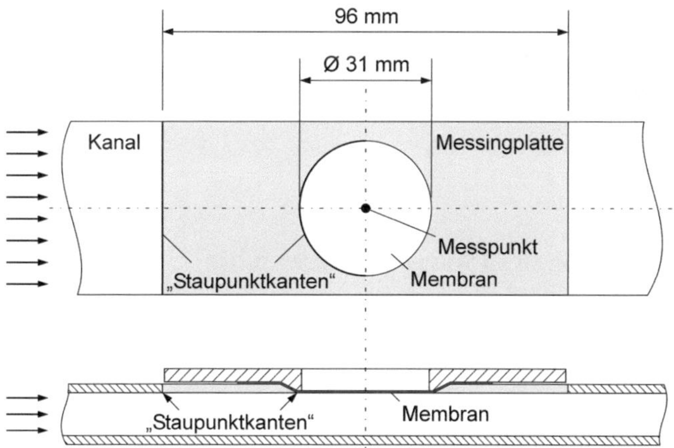

Abb. 3.3: Geometrie des „kleinen" Strömungskanals (vergl. Abschnitt 2.1).

Die zu untersuchenden Membranen werden in einer speziellen Trägerplatte eingespannt, die bündig mit der Wand des Strömungskanals abschließt. Die Konstruktion der Einspannung sieht vor, dass auch die Membran bündig mit der Kanalwand und der Kanalseite der Trägerplatte montiert ist. Trotz aller konstruktiven und fertigungstechnischen Sorgfalt lässt es sich jedoch nicht vermeiden, dass am Übergang zwischen Strömungskanal und Trägerplatte, bzw. zwischen Trägerplatte und Membran, Restunebenheiten verbleiben, die zu einer Beeinflussung der hydrodynamischen Grenzschicht entlang der Kanalwand und der Membran führen. Untersuchungen zur Hydrodynamik bei der Polymerfilmtrocknung haben gezeigt, dass selbst ein 10 µm dünner Polymerfilm als Staupunkt für die hydrodynamische Grenzschicht entlang einer laminar überströmten Platte wirkt (siehe Diplomarbeit Zhou, 2008). Für die Simulationsrechnungen im Rahmen dieser Arbeit wird daher angenommen, dass beide oben genannten Übergänge als „Staupunktkanten" wirken. An der stromaufwärts gelegenen Kante zwischen Trägerplatte und Membran fallen somit der Beginn der Konzentrationsgrenzschicht und der Beginn der hydrodynamischen Grenzschicht zusammen; die Anlauflänge x_0 in Gleichung (3.4) ist demzufolge gleich Null. Da die Trägerplatte zur Einspannung der Membran im zweiten Versuchsaufbau („großer" Strömungskanal, vergl. Abb. 2.1 oben) identisch ausgeführt ist, gelten hier - trotz zunächst unterschiedlich scheinender Anströmung - die gleichen Randbedingungen für den gasseitigen Stoffübergang. Um den lokalen Stoffübergangskoeffizienten am Messpunkt zu bestimmen, wird somit unabhängig vom verwendeten Strömungskanal als charakteristische Lauflänge x der halbe Membrandurchmesser ($x = 15,5$ mm) gewählt (vergl. Abb. 3.3).

Die Diffusionskoeffizienten in Gleichung (3.4) lassen sich nach der Gruppenbeitragsmethode von Fuller et al. (1966) berechnen (siehe Anhang A 5).

Nach der Beschreibung des gasseitigen Stofftransports wird im folgenden Abschnitt auf die modellhafte Beschreibung des Phasengleichgewichts eingegangen.

3.2 Beschreibung des Phasengleichgewichts

In Abschnitt 1.2 wurde bereits erläutert, dass die Beschreibung des thermodynamischen Phasengleichgewichts zwischen Wasser, Alkohol und Nafion® noch mit vielen Unsicherheiten behaftet ist. In der Literatur findet sich eine ganze Reihe verschiedener Modellansätze mit mehr oder weniger zahlreichen Modellparametern, die an Messdaten angepasst werden müssen. Nach ausführlicher Literaturrecherche wurde für die Beschreibung des ternären Phasengleichgewichts in dieser Arbeit ein von Meyers & Newman (2002) speziell für geladene Ionenaustauscher-Membranen entwickeltes Modell zur Berechnung der Gibbs-Energie verwendet. Das Modell wurde von Meyers & Newman für das Stoffsystem Methanol-Wasser-Nafion® 117 an verschiedene Messdaten aus der Literatur angepasst (Gates & Newman, 2000; Ren & Zawodzinski et al., 2000). Die experimentellen Untersuchungen im Rahmen dieser Arbeit zeigen, dass sich die Gleichgewichtseigenschaften der verschiedenen verwendeten Nafion®-Membranen je nach Membran-Charge und Membranvorgeschichte voneinander unterscheiden. Die Modellparameter zur Beschreibung des thermodynamischen Phasengleichgewichts werden daher an eigene Messwerte angepasst. Eine Diskussion der unterschiedlichen Gleichgewichtszustände folgt in Abschnitt 4.3.

Als Ausgangspunkt für die Berechnung der Aktivitäten von Wasser und Alkohol in einer Nafion®-Membran dient folgender Ausdruck für die Gibbs-Energie:

$$\frac{G}{\widetilde{R} \cdot T} = n_M \, ln\left(\lambda_M^0\right) + \sum_{j \neq M} n_j \left[ln\left(\widetilde{m}_j \lambda_j^*\right) - 1\right] + \left(n_M EW\right) \sum_{i \neq M} \sum_{j \neq M} E_{ij} \widetilde{m}_i \widetilde{m}_j \qquad (3.5)$$

mit: n_i = Stoffmenge in Mol der Komponente i in der Membran

n_M = Molanzahl der Sulfonsäuregruppen in der Membran

$\widetilde{m}_i$ = Molarität i, Anzahl der Mole pro Masse trockene Membran

EW = Äquivalentmasse, Masse Polymer pro SO_3^--Gruppen (1100 g/mol)

λ_i^0 = Parameter zur Beschr. des elektrochemischen Membranpotentials

λ_i^* = Parameter zur Beschreibung eines zusätzlichen Referenzzustandes, beschreibt das elektrochemische Potential der gelösten Komponente i in der Membran

Aus Gleichung (3.5) leiten Meyers & Newman die Beziehungen für das chemische Potential der beiden Lösemittelkomponenten in der Membran her. Hierbei führen sie einen zusätzlichen Referenzzustand ein, den so genannten „Secondary-Reference-State". Allgemein sollte dieser zusätzliche Referenzzustand so gewählt werden, dass er dem für die späteren Berechnungen zugrunde liegenden Zustand möglichst ähnlich ist. Die Gleichung für das chemische Potential der Komponente i in der Membran lautet dann:

$$\mu_i = \widetilde{R} \cdot T \cdot ln\left(\widetilde{m}_i \cdot \lambda_i^*\right) + 2 \cdot \widetilde{R} \cdot T \sum_{k=1}^{n} E_{ik}^* \left(\widetilde{m}_k - \widetilde{m}_k^*\right) \qquad (3.6)$$

mit: E_{ij}^* = Wechselwirkungsparameter im zusätzlichen Referenzzustand

λ_i^* = Parameter zur Beschreibung des zusätzlichen Referenzzustandes

$\widetilde{m}_i^*$ = Molarität der Komponente i im zusätzlichen Referenzzustand

Um eine Beziehung für das Gleichgewicht an der Phasengrenze aufstellen zu können, benötigt man noch das chemische Potential der Komponente i in der angrenzenden Phase. Für die Herleitung eines geeigneten Ausdrucks zur Berechnung der Lösemittelaktivität betrachten wir zunächst den Kontakt mit flüssigem Lösemittel. In diesem Fall lautet die Gleichung für das chemische Potential:

$$\mu_i = \mu_i^0 + \widetilde{R} \cdot T \cdot ln(\widetilde{x}_i \cdot \gamma_i) \tag{3.7}$$

mit: μ_i^0 = chemisches Potential im Bezugszustand

Somit ergeben sich für den Alkohol (Index 1) folgende Gleichungen:

$$\mu_1 = \mu_1^0 + \widetilde{R} \cdot T \cdot ln(\widetilde{x}_{1,Fl} \cdot \gamma_{1,Fl}) \quad (Flüssigphase)$$

$$\mu_1 = \widetilde{R} \cdot T \cdot ln(\widetilde{m}_1 \cdot \lambda_1^*) + 2 \cdot \widetilde{R} \cdot T \sum_{k=1}^{n} E_{1k}^* (\widetilde{m}_k - \widetilde{m}_k^*) \quad (Membran) \tag{3.8}$$

Für Wasser (Index 2) erhält man entsprechend die Gleichungen:

$$\mu_2 = \mu_2^0 + \widetilde{R} \cdot T \cdot ln(\widetilde{x}_{2,Fl} \cdot \gamma_{2,Fl}) \quad (Flüssigphase)$$

$$\mu_2 = \widetilde{R} \cdot T \cdot ln(\widetilde{m}_2 \cdot \lambda_2^*) + 2 \cdot \widetilde{R} \cdot T \sum_{k=1}^{n} E_{2k}^* (\widetilde{m}_k - \widetilde{m}_k^*) \quad (Membran) \tag{3.9}$$

Die in den Gleichungen (3.8) und (3.9) zu bestimmenden Parameter sind somit die Wechselwirkungsparameter E_{ij}^* und die Parameter zur Beschreibung des zusätzlichen Referenzzustands λ_1^* für Alkohol und λ_2^* für Wasser. Im Fall einer Direkt-Alkohol-Brennstoffzelle, bei der i. d. R. nur wenig Alkohol eingesetzt wird (max. 2 mol/l), bietet sich als Referenzzustand eine vollständig mit reinem Wasser gesättigte Nafion®-Membran an. Mit dieser Wahl des Referenzzustandes ergibt sich aus Gleichung (3.5), dass die binären Wechselwirkungsparameter E_{ij}^* gleichgesetzt werden können mit E_{ji}^*. Setzt man die chemischen Potentiale des Alkohols in der Flüssigphase und in der Membran gleich (siehe Gleichungen (3.8)) und löst nach dem Logarithmus der Aktivität auf, so erhält man:

$$ln(\widetilde{x}_{1,Fl} \cdot \gamma_{1,Fl}) = ln\left(\widetilde{m}_1 \cdot \lambda_1^* exp\left(-\frac{\mu_1^0}{\widetilde{R} \cdot T}\right)\right) + 2\sum_{k=1}^{n} E_{1k}^* (\widetilde{m}_k - \widetilde{m}_k^*) \tag{3.10}$$

Bei entsprechender Vorgehensweise für Wasser erhält man aus den Gleichungen (3.9) die Aktivitäten beider Lösemittelkomponenten in der Membran:

$$ln(a_1) = ln\left(\widetilde{m}_1 \cdot \lambda_1^* \, exp\left(-\frac{\mu_1^0}{\widetilde{R} \cdot T}\right)\right) + 2\left(E_{11}^*\left(\widetilde{m}_1 - \widetilde{m}_1^*\right) + E_{12}^*\left(\widetilde{m}_2 - \widetilde{m}_2^*\right)\right) \qquad (3.11)$$

$$ln(a_2) = ln\left(\widetilde{m}_2 \cdot \lambda_2^* \, exp\left(-\frac{\mu_2^0}{\widetilde{R} \cdot T}\right)\right) + 2\left(E_{21}^*\left(\widetilde{m}_1 - \widetilde{m}_1^*\right) + E_{22}^*\left(\widetilde{m}_2 - \widetilde{m}_2^*\right)\right) \qquad (3.12)$$

Der Term $\lambda_1^* \, exp\left(-\mu_1^0/\left(\widetilde{R} \cdot T\right)\right)$ in Gleichung (3.11) ist nicht bekannt und muss daher an Messdaten angepasst werden.

Setzt man die Gleichungen für das chemische Potential von Wasser (3.9) gleich und setzt den oben angeführten Referenzzustand ein, so ergibt sich folgende Gleichung:

$$\mu_2^0 = \widetilde{R} \cdot T \cdot ln\left(\widetilde{m}_2^* \cdot \lambda_2^*\right) \qquad (3.13)$$

Aus Gleichung (3.13) kann der Parameter λ_2^* bestimmt werden, jedoch kann Gleichung (3.12) für das chemische Potential in der Membran auch umgeschrieben werden, so dass man den Parameter λ_2^* nicht mehr benötigt. Gleichung (3.14) gibt den entsprechenden Ausdruck für die Aktivität des Wassers in der Membran wieder:

$$ln(a_2) = ln\left(\frac{\widetilde{m}_2}{\widetilde{m}_2^*}\right) + 2\left(E_{21}^*\left(\widetilde{m}_1 - \widetilde{m}_1^*\right) + E_{22}^*\left(\widetilde{m}_2 - \widetilde{m}_2^*\right)\right) \qquad (3.14)$$

Die Wechselwirkungsparameter E_{12}^* und E_{11}^* werden durch Anpassung an Messdaten bestimmt. Der Parameter für die Wechselwirkungen E_{22}^* kann aus der Bedingung berechnet werden, dass der Verlauf des chemischen Potentials über der Zusammensetzung in der Membran monoton steigend sein muss:

$$\frac{1}{\widetilde{R} \cdot T} \frac{\partial \mu_2}{\partial \widetilde{m}_2} = \frac{1}{\widetilde{m}_2} + 2 \cdot E_{2,2}^* \geq 0 \qquad (3.15)$$

mit: $\widetilde{m}_2 = \lambda_2/EW$, wobei $\lambda_2 = n_2/n_{SO_3^-}$

Aus dieser Beziehung errechnen Meyers & Newman (2002) den minimalen binären Wechselwirkungsparameter E_{22}^* für ihre Phasengleichgewichtsdaten zu -25 g/mol, indem sie Gleichung (3.15) zu Null setzen und eine Sättigungsbeladung der Membran mit Wasser von $\lambda_2 = 22$ mol/mol(SO_3^-) zugrunde legen. Für die Simulation wird dann aber vorgeschlagen, einen etwas größeren Wert für E_{22}^* zu verwenden, um die Stabilität der Rechnung zu gewährleisten.

Um bei gegebener Zusammensetzung einer Alkohol-Wasser-Mischung die zugehörigen Gleichgewichtsbeladungen der Membran zu ermitteln, benötigt man zunächst die Lösemittelaktivitäten in der Flüssigphase an der Phasengrenze zur Membran. Diese lassen sich z. B. nach Margules bzw. van Laar berechnen (siehe Anhang A 4). Aus den Lösemittelaktivitäten können die Gleichgewichtsbeladungen dann iterativ mit (3.11) und (3.14) bestimmt werden. Zur Lösung des nicht-linearen Gleichungssystems hat sich in dieser Arbeit ein zweidimensionales Newton-Verfahren bewährt.

Für die Berechnung der Lösemittelstoffströme nach Gleichung (3.3) werden die Molenbrüche von Wasser und Alkohol in der Gasphase aus den nach Gleichung (3.11) und (3.14) ermittelten Lösemittelaktivitäten an der Phasengrenze bestimmt. Dabei wird vorausgesetzt, dass sich die Membran gegenüber der Gasphase genauso verhält wie im Kontakt mit flüssigem Lösemittel. Das Auftreten eines „Schroeder'schen Paradox" (vergl. Abschnitt 1.2.1) wird demnach ausgeschlossen. Für den Molenbruch einer Komponente i in der Gasphase gilt allgemein:

$$\tilde{y}_{i,Ph} = \frac{p_i}{p_{ges}} = \frac{a_i \cdot p_i^*(T_{Ph})}{p_{ges}} \qquad (3.16)$$

mit: p_i = Lösemittelpartialdruck

p_{ges} = Gesamtdruck / Umgebungsdruck

$p_i^*(T_{Ph})$ = Sattdampfdruck der Komp. i bei der Phasengrenztemperatur

Der Vollständigkeit halber sei darauf hingewiesen, dass das zweite Gleichheitszeichen in Gleichung (3.16) nur dann gilt, wenn eine Erhöhung des Lösemittelpartialdrucks durch den Umgebungsdruck (Poynting-Korrektur) vernachlässigbar ist. Da die Untersuchungen in dieser Arbeit bei Umgebungsdruck durchgeführt wurden, ist diese Vernachlässigung gerechtfertigt.

Die Sattdampfdrücke in Gleichung (3.16) lassen sich z. B. aus einer Antoine-Gleichung berechnen. Eine Übersicht über den Gleichungstyp und die in dieser Arbeit verwendeten Antoine-Parameter findet sich im Anhang A 6.

Nachdem die wesentlichen Grundlagen für die Beschreibung des ternären Phasengleichgewichts von Wasser und Alkohol in Brennstoffzellenmembranen gelegt sind, wird im nächsten Abschnitt die mathematische Modellierung der Diffusion von Wasser und Alkohol in der Membran erläutert.

3.3 Diffusion im Inneren der Polymermembran

Allgemein gilt für den flächenbezogenen Diffusionsstrom (Massenstrom) einer Komponente i in einem ortsfesten, volumenbezogenen Koordinatensystem:

$$j_i^V = \rho_i^V \cdot (u_i - u_V) \tag{3.17}$$

mit: ρ_i^V = volumenbezogene Dichte der Komponente i

      u_i = Geschwindigkeit der Komponente i

      u_V = mittlere Geschwindigkeit des Kontrollvolumens

Die Kinetik der Diffusion wird durch den Fick'schen Ansatz (Fick, 1855) beschrieben. Für Mehrkomponentensysteme und eindimensionale Diffusion wurde von Onsager (1945) eine verallgemeinerte, erweiterte Form vorgeschlagen:

$$j_i^V = -\left(D_{ii}^V \frac{\partial \rho_i^V}{\partial z} + \underbrace{D_{ij}^V \frac{\partial \rho_j^V}{\partial z}}_{=0} \right) \tag{3.18}$$

mit: D_{ii}^V = Haupt-Diffusionskoeffizient im volumenbez. Koordinatensystem

      D_{ij}^V = Kreuz-Diffusionskoeffizient im volumenbez. Koordinatensystem

Kreuzeffekte werden hier nicht berücksichtigt und daher die Kreuz-Diffusionskoeffizienten in Gleichung (3.18) zu Null gesetzt.

Für die Beschreibung der Transportvorgänge in einer Polymermembran ist die Darstellung in einem volumenbezogenen Koordinatensystem nur bedingt geeignet, da die Quellung der Membran bei sich ändernder Lösemittelbeladung durch einen zusätzlichen ortsabhängigen Term in der Randbedingung berücksichtigt werden muss. Aus diesem Grund ist es vorteilhaft, ein mitbewegtes, polymermassenbezogenes Koordinatensystem zu verwenden (Hartley & Crank, 1949). Dieses Koordinatensystem bewegt sich im Bezug auf ein ortsfestes Koordinatensystem mit der Geschwindigkeit der Polymerkomponente u_p (siehe auch Wagner, 2000; Schabel, 2004). Die Diffusion von Wasser und Alkohol in der Membran lässt sich auch in einem polymerbezogenen Koordinatensystem mit Hilfe des Fick'schen Gesetzes beschreiben, wenn die volumenbezogenen Diffusionskoeffizienten umgerechnet werden. Entsprechend Gleichung (3.17) gilt für den eindimensionalen Massenstrom der Komponente i senkrecht durch eine Bezugsfläche, die sich mit der Geschwindigkeit u_p in Ausbreitungsrichtung bewegt:

$$j_i^P = \rho_i^V \cdot \left(u_i - u_P\right) \tag{3.19}$$

mit: u_i = Geschwindigkeit der Komponente i

u_P = mittlere Geschwindigkeit der Polymerkomponente

Durch die Einführung des polymerbezogenen Koordinatensystems bleibt die Polymermasse innerhalb des mit u_p bewegten Kontrollvolumens konstant ($j_P^P = \rho_P^V \cdot \left(u_P - u_P\right) = 0$).

Analog zu Gleichung (3.18) lautet der Fick'sche Ansatz in Polymerkoordinaten:

$$j_i^P = -D_{ii}^P \cdot \frac{\partial \rho_i^P}{\partial \zeta} = -D_{ii}^P \cdot \frac{1}{\hat{V}_P} \frac{\partial X_{i/P}}{\partial \zeta} \tag{3.20}$$

mit: D_{ii}^P = Fick'scher Diffusionskoeff. im polymermassenbez. System

ρ_i^P = polymerbezogene Dichte von i (Masse i pro Volumen Polymer)

$\hat{V}_P$ = spezifisches Volumen des Polymers

$X_{i/P}$ = Beladung des Polymers mit Komponente i

Für die mathematische Beschreibung des Zusammenhangs zwischen volumenbezogenem und polymermassenbezogenem Koordinatensystem muss berücksichtigt werden, dass eine Membran in alle drei Raumrichtungen quellen bzw. schrumpfen kann. Je nach Polymer und Vorgeschichte erfolgt die Volumenänderung mehr oder weniger anisotrop. Insbesondere extrudierte Polymerfolien zeigen häufig eine ausgeprägte Ausrichtung der Polymerketten, die bei der Quellung zu einer unterschiedlichen Längenausdehnung längs und quer zur Extrusionsrichtung führen kann. Unter der Annahme einer additiven Volumenänderung gilt für das Gesamtvolumen einer Polymerprobe im trockenen und im mit Lösemittel beladenen Zustand:

$$V_{trocken} = \varphi_P \cdot V_{beladen} \tag{3.21}$$

mit: φ_P = Volumenanteil des Polymers im beladenen Zustand

Für die Untersuchungen in dieser Arbeit wurden kreisrunde Membranen aus trockenen Nafion®-Folien ausgeschnitten. Gleichung (3.21) lässt sich dementsprechend umschreiben:

$$\pi \cdot R_{trocken}^2 \cdot z_{trocken} = \varphi_P \cdot \pi \cdot \left(a_{beladen} \cdot b_{beladen} \cdot z_{beladen}\right) \tag{3.22}$$

mit: R = Radius der trockenen Membran

       z = Membrandicke

       a = große Halbachse der elliptischen Membrangrundfläche

       b = kleine Halbachse der elliptischen Membrangrundfläche

Die rechte Seite von Gleichung (3.22) ermöglicht durch die Beschreibung der Membrangrundfläche als Ellipse die Berücksichtigung einer unterschiedlichen lateralen Längenänderung im gequollenen Zustand.

Um eine Aussage über die Isotropie der Volumenänderung treffen zu können, wird der Volumenbruch des Polymers auf die drei Raumrichtungen aufgeteilt:

$$\pi \cdot R^2_{trocken} \cdot z_{trocken} = \cdot \pi \cdot \left(\varphi_P^{n_a} \cdot a_{beladen}\right) \cdot \left(\varphi_P^{n_b} \cdot b_{beladen}\right) \cdot \left(\varphi_P^{n_z} \cdot z_{beladen}\right) \qquad (3.23)$$

Die Exponenten n_i beschreiben die Anisotropie der Quellung. Sie können Werte zwischen Null und Eins annehmen, und als Schließbedingung muss ihre Summe Eins ergeben. Nehmen <u>alle</u> Exponenten den Wert $n_{a,b,z} = 1/3$ an, so quillt das Polymer gleichmäßig in alle drei Raumrichtungen. Bei eindimensional angenommener Quellung und Schrumpfung (z. B. bei der Polymerfilmtrocknung) nimmt <u>ein</u> Exponent den Wert Eins an und die anderen beiden den Wert Null. Je nach Grad der Anisotropie sind beliebige Zwischenwerte möglich.

Zur Bestimmung der Exponenten n_i wurden die Dimensionen der im trockenen Zustand ausgestanzten Membranen nach ihrer Quellung in Wasser vermessen. Für die lateralen Dimensionen wurde die Form der gequollenen Membran durch eine Glasplatte hindurch abgepaust und dann aus Papier mit bekannter flächenbezogener Masse ausgeschnitten. Durch Wiegen der „Papierkopie" wurde anschließend die Membranfläche bestimmt. Die Membrandicke und der Volumenanteil des Polymers wurden aus Raman-Messungen mit Wasser ober- und unterhalb der Membran ermittelt.

Ein Vergleich der Membrandimensionen im trockenen und im gequollenen Zustand zeigte für fast alle untersuchten Membranproben eine gleichmäßige Volumenänderung in alle drei Raumrichtungen. Bis auf eine Ausnahme[5] behiel-

---

[5] Im Verlauf der vorliegenden Arbeit wurden mehrfach neue Nafion®-Folien mit unterschiedlichen Trockendicken angeschafft. Fast alle Proben zeigten ein gleichmäßiges Quellverhalten in die drei Raumrichtungen. Einzige Ausnahme war eine Nafion® 115 Membran, die ihre Trockendicke trotz vergleichbarer Lösemittelaufnahme auch

ten alle Membranen ihre ursprünglich kreisrunde Form auch im gequollenen Zustand bei. Aus dem Verhältnis der Membrandurchmesser wurden die Exponenten für die laterale Quellung als Mittelwert mehrerer Proben zu $n_a = n_b = 0{,}3311$ (= 1/3,02) bestimmt; eine Analyse der Dickenänderung lieferte als Mittelwert $n_z = 0{,}3236$ (= 1/3,09). Für die unbeeinflusste Quellung loser Membranen in flüssigem Lösemittel ist die Annahme einer isotropen Quellung ($n_{a,b,z} = 1/3$) demnach gerechtfertigt.

Für die modellhafte Beschreibung der Permeationsversuche muss berücksichtigt werden, dass sich durch die Überströmung mit trockener Luft Konzentrationsprofile in der Membran ausbilden, die zu einer Schrumpfung des Polymers führen. Da die Membranen durch die Einspannung am Rand an einer isotropen Schrumpfung gehindert werden, kommt es zu komplexen dreidimensionalen Spannungszuständen und die experimentell bestimmten Anisotropieexponenten für die Dickenquellung in z-Richtung nehmen Werte zwischen 0,3 und 0,5 an. Für die Umrechnung vom volumenbezogenen auf das polymermassenbezogene Koordinatensystem folgt daher allgemein:

$$\frac{\partial \zeta}{\partial z} = \left(\rho_P^V \cdot \hat{V}_P \right)^{1/n_z} = \varphi_P^{\,1/n_z} \tag{3.24}$$

Einen Zusammenhang zwischen D_{ii}^V und D_{ii}^P erhält man aus einem Vergleich der beiden Massenströme j_i^V und j_i^P und anschließender Koordinatentransformation (eine ausführliche Herleitung findet sich im Anhang A 7). Auch hierbei muss die dreidimensionale Quellung der Membran berücksichtigt werden. Für eine Polymermembran mit zwei Lösungsmitteln i und j erhält man:

$$D_{ii}^P \cdot \frac{\partial X_{i/P}}{\partial \zeta} = \varphi_P^{\,1/n_z} \left\{ \begin{array}{l} \left[(1-\varphi_i)(1-\varphi_j) \cdot D_{ii}^V - \varphi_i \cdot \varphi_j \cdot D_{jj}^V \right] \cdot \dfrac{\partial X_{i/P}}{\partial \zeta} + \\[2em] \left[\varphi_i \cdot (1-\varphi_j) \dfrac{\hat{V}_j}{\hat{V}_i} \cdot \left(D_{jj}^V - D_{ii}^V \right) \right] \cdot \dfrac{\partial X_{j/P}}{\partial \zeta} \end{array} \right\} \tag{3.25}$$

mit: φ_i = Volumenanteil der Komponente i im Polymer

---

im gequollenen Zustand <u>unverändert</u> beibehielt. Zudem waren die zuvor kreisrunden Membranproben nach der Quellung oval. Da die Isotropie der Volumenänderung eine wichtige Einflussgröße für die modellhafte Beschreibung von Stofftransportvorgängen in Brennstoffzellenmembranen darstellt, sollten die Isotropieparameter n_i bei der Verwendung einer neuen Membrancharge überprüft werden.

Der polymermassenbezogene Diffusionskoeffizient ist demnach eine Funktion beider volumenbezogener Diffusionskoeffizienten und der Gradienten beider Beladungen in der Membran.

Die Differentialgleichung der instationären Wasser- und Alkoholdiffusion erhält man aus einer Massenbilanz um ein infinitesimal kleines Volumenelement im polymermassenbezogenen Koordinatensystem.

$$\frac{\partial \rho_i^P}{\partial t} \cdot \partial \zeta = j_{i,\zeta}^P - j_{i,\zeta+d\zeta}^P \tag{3.26}$$

Mit einer nach dem ersten Glied abgebrochenen Taylorreihenentwicklung für den Massenstrom j_i^P an der Stelle $\zeta + d\zeta$ folgt aus Gleichung (3.26):

$$\frac{\partial \rho_i^P}{\partial t} = -\frac{\partial j_i^P}{\partial \zeta} \tag{3.27}$$

Gemeinsam mit dem kinetischen Ansatz aus Gleichung (3.20) erhält man die Differentialgleichung zur Beschreibung der instationären Diffusion in einer dem zweiten Fick'schen Gesetz ähnlichen Form:

$$\frac{\partial X_{i/P}}{\partial t} = \frac{\partial}{\partial \zeta}\left(D_{ii}^P \frac{\partial X_{i/P}}{\partial \zeta} \right) \tag{3.28}$$

Normiert man nun die Koordinate z des mitbewegten Bezugssystems auf die Dicke der trockenen Membran ($\zeta_{max} = z_{trocken}$), so folgt:

$$\frac{\partial X_{i/P}}{\partial t} = \frac{1}{\zeta_{max}^2} \frac{\partial}{\partial(\zeta/\zeta_{max})}\left(D_{ii}^P \frac{\partial X_{i/P}}{\partial(\zeta/\zeta_{max})} \right) \tag{3.29}$$

Zur Lösung der Differentialgleichung aus (3.29) werden eine Anfangsbedingung und zwei Randbedingungen benötigt. Geht man von einer über der Membranhöhe konstanten Lösemittelbeladung zu Beginn der Überströmung aus, so folgt für die Anfangsbedingung:

$$X_{i/P}(t=0; 0 \leq \zeta \leq \zeta_{max}) = X_{i/P,0} \tag{3.30}$$

Der obere Rand der Membran steht mit der Flüssigkeit im Gleichgewicht. Ein zusätzlicher Stoffübergangswiderstand in der Flüssigkeit wird vernachlässigt. Die Zusammensetzung der Flüssigkeit wird über die Dauer einer Messung als konstant angenommen. Aufgrund der kurzen Messzeit für einen Tiefenscan ist diese Annahme vertretbar. Hieraus ergibt sich als Randbedingung 1. Art an der Oberseite der Membran:

$$X_{i/P}\big|_{\zeta=0} = X_{i/P,o} = const. \quad für\ t \geq 0 \tag{3.31}$$

Die jeweilige Beladung am oberen Rand der Membran wird aus der Flüssigkeitszusammensetzung der entsprechenden Messung mit Hilfe des Modells von Meyers & Newman (siehe Abschnitt 3.2) berechnet.

Aus Kontinuitätsgründen muss der Diffusionsstrom an der Membranunterseite dem nach Gleichung (3.3) berechneten Massenstrom in der Gasphase entsprechen. Für die zweite Randbedingung folgt daher:

$$j_i^P\big|_{\zeta=\zeta_{max}} = -D_{ii}^P \cdot \frac{1}{\hat{V}_P} \frac{\partial X_{i/P}}{\partial \zeta}\bigg|_{\zeta=\zeta_{max}} = \dot{m}_i \quad für\ t \geq 0 \tag{3.32}$$

Für ternäre Polymer-Lösungsmittel-Gemische erhält man aus den Gleichungen (3.29) bis (3.32) ein gekoppeltes, stark nicht-lineares Differentialgleichungssystem mit impliziter Randbedingung. Zur Lösung der Gleichungen wurde in dieser Arbeit ein von Bissinger (2002) zur Simulation der Polymerfilmtrocknung verwendetes FORTRAN-Programm weiterentwickelt und auf die veränderten Randbedingungen bei der Membranpervaporation angepasst. Die Simulation erfolgt jetzt in der Microsoft Excel Programmierumgebung Visual Basic for Applications (VBA), wobei zur Lösung des Differentialgleichungssystems ein geeigneter FORTRAN-Solver aus der NAG-Datenbank (NAG = Numerical Algorithm Group) implementiert wurde. Die verwendeten Routinen sind speziell auf diese Art von Differentialgleichungssystemen zugeschnitten.

Die zur Beschreibung der Diffusion benötigten Fick'schen Haupt-Diffusionskoeffizienten D_{ii}^V in Gleichung (3.25) werden durch Minimierung der Fehlerquadratsumme zwischen gemessenen und berechneten Beladungsprofilen von Wasser und Alkohol in Nafion® bestimmt. Eine ausführliche Erläuterung folgt in Abschnitt 4.4.

Diese Vorgehensweise ist eine deutliche Verbesserung gegenüber anderen Bestimmungsmethoden (vergl. Abschnitt 1.2.2). Sie setzt eine präzise Beschreibung des Phasengleichgewichts und des gasseitigen Stoffübergangs voraus. Insbesondere die Beschreibung des Phasengleichgewichts ist aber noch mit vielen Unsicherheiten behaftet (siehe Abschnitt 1.2.1). Um Transportkoeffizienten auch ohne Beeinflussung durch das Phasengleichgewicht bestimmen zu können, wurde in dieser Arbeit ein neuer Versuchsaufbau mit Infrarotmesstechnik entwickelt, der zusätzlich zu den lokalen Lösemittelkonzentrationsprofilen der Raman-Messungen eine selektive Bestimmung der Permeationsraten mehrerer Lösemittel durch die Polymermembran ermöglicht. Dazu wird die Zusammensetzung der Gasphase hinter der überströmten Membran mit einem Fourier-Transformations-Infrarotspektrometer (FT-IR) - bei bekannter Zusammensetzung der Gasphase am Kanaleintritt - bestimmt. Aus einer Bilanz der Gasphase zwischen Ein- und Austritt des Strömungskanals (siehe Gleichung (2.1)) lassen sich die über die Membranfläche gemittelten Lösemittelmassenströme $\dot{m}_{i,m}$ berechnen. Unter der Annahme rein Fick'scher Diffusion in der Membran können die jeweiligen Diffusionskoeffizienten dann <u>direkt</u> aus den <u>lokalen</u> Lösemittelmassenströmen und den gemessenen Konzentrationsprofilen bestimmt werden. Es gilt:

$$\dot{m}_{i,x} = -D_{ii}^{V} \cdot \left.\frac{\partial c_i}{\partial z}\right|_x \quad \Rightarrow \quad D_{ii}^{V} = -\frac{\dot{m}_{i,x}}{\partial c_i / \partial z\big|_x} \tag{3.33}$$

Der <u>lokale</u> Massenstrom $\dot{m}_{i,x}$ am Messpunkt entspricht aber nur dann dem aus FT-IR-Messungen bestimmten und über die gesamte Membranfläche gemittelten Massenstrom $\dot{m}_{i,m}$, wenn die Lösemittelpermeation ausschließlich durch den Transportwiderstand der Membran limitiert wird. Die Untersuchungen in dieser Arbeit zeigen jedoch, dass der gasseitige Stofftransport den Permeationsprozess ebenfalls beeinflusst. Bedingt durch die lokal unterschiedlichen Stoffübergangskoeffizienten (vergl. Abschn. 3.1) ergeben sich Unterschiede zwischen dem über die Membranfläche gemittelten Stoffstrom und dem Stoffstrom am Messpunkt.

Für den Grenzfall der rein gasseitig kontrollierten Permeation lässt sich ein mathematischer Zusammenhang zwischen lokalem und mittlerem Stoffstrom entwickeln. Für das Verhältnis des lokalen Massenstroms zum Gesamtstrom gilt allgemein:

$$\frac{\dot{m}_{i,x}}{\dot{m}_{i,m}} = \frac{\beta_{ig,x} \cdot \widetilde{\rho}_g \cdot ln\left(\dfrac{\dot{r}_{i,x} - \widetilde{y}_{i,\infty}}{\dot{r}_{i,x} - \widetilde{y}_{i,Ph,x}}\right)}{\beta_{ig,m} \cdot \widetilde{\rho}_g \cdot ln\left(\dfrac{\dot{r}_{i,m} - \widetilde{y}_{i,\infty}}{\dot{r}_{i,m} - \widetilde{y}_{i,Ph,m}}\right)} \tag{3.34}$$

Unter der Annahme, dass sich das treibende Partialdruckgefälle und die relativen Stoffströme über die Membranlänge x nicht verändern, vereinfacht sich Gleichung (3.34) zu:

$$\frac{\dot{m}_{i,x}}{\dot{m}_{i,m}} = \frac{\beta_{ig,x}}{\beta_{ig,m}} \tag{3.35}$$

Zur Berechnung des lokalen Stoffstroms muss also das Verhältnis des lokalen Stoffübergangskoeffizienten zum über die Kreisfläche der Membran gemittelten Stoffübergangskoeffizienten bestimmt werden. Abb. 3.4 zeigt die Geometrie der überströmten Membranproben.

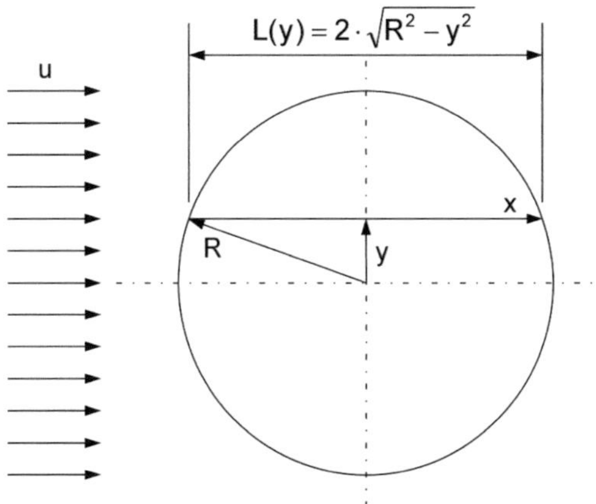

Abb. 3.4: Schematische Darstellung der Membrangeometrie zur Bestimmung des über die Kreisfläche gemittelten Stoffübergangskoeffizienten $\beta_{i,m}$.

Aus Symmetriegründen entspricht der mittlere Stoffübergangskoeffizient der oberen Kreishälfte dem mittleren Stoffübergangskoeffizienten der gesamten Kreisscheibe. Für die Berechnung gilt daher:

$$\beta_{ig,m} = \frac{1}{\pi \cdot R^2 / 2} \cdot \int\limits_0^R \int\limits_0^{L(y)} \beta_{ig,x} \cdot dx \cdot dy \qquad (3.36)$$

Mit der Definition der lokalen Sherwood-Zahl für $\beta_{ig,x}$ aus Gleichung (3.4) mit der Anlauflänge $x_0 = 0$ folgt:

$$\frac{\beta_{ig,x}}{\beta_{ig,m}} = \frac{0{,}332 \cdot \sqrt{Re_x} \sqrt[3]{Sc_i}\, \dfrac{D_{ig}}{x}}{\dfrac{2}{\pi \cdot R^2} \int\limits_0^R \left(\dfrac{1}{L(y)} \int\limits_0^{L(y)} 0{,}332 \cdot \sqrt{Re_x} \sqrt[3]{Sc_i}\, \dfrac{D_{ig}}{x} \cdot dx \right) \cdot L(y) \cdot dy} \qquad (3.37)$$

Gleichung (3.37) lässt sich vereinfachen zu:

$$\frac{\beta_{ig,x}}{\beta_{ig,m}} = \frac{x^{-0,5}}{\dfrac{2}{\pi \cdot R^2} \cdot \int\limits_0^R \left(\int\limits_0^{L(y)} x^{-0,5} \cdot dx \right) \cdot dy} \qquad (3.38)$$

Integration über die Sehnenlänge x liefert:

$$\frac{\beta_{ig,x}}{\beta_{ig,m}} = \frac{x^{-0,5}}{\frac{2}{\pi \cdot R^2} \cdot \int_0^R 2 \cdot \sqrt{L(y)} \cdot dy} = \frac{x^{-0,5}}{\frac{4 \cdot \sqrt{2}}{\pi \cdot R^2} \cdot \int_0^R \sqrt[4]{R^2 - y^2} \cdot dy} \qquad (3.39)$$

Um einen allgemein gültigen Ausdruck für das Verhältnis des lokalen Stoffübergangskoeffizienten zum mittleren Stoffübergangskoeffizienten einer Kreisscheibe zu erhalten, wird Gleichung (3.39) mit $\eta = y/R$ entdimensioniert. Nach Substitution mit $dy = R \cdot d\eta$ und Anpassung der Integrationsgrenzen folgt:

$$\frac{\beta_{ig,x}}{\beta_{ig,m}} = \frac{x^{-0,5}}{\frac{4 \cdot \sqrt{2} \cdot R \cdot \sqrt{R}}{\pi \cdot R^2} \cdot \int_0^1 \sqrt[4]{1 - \eta^2} \cdot d\eta} \qquad (3.40)$$

Durch geeignete Umformungen (siehe Anhang A 8) lässt sich das Integral im Nenner in ein vollständiges elliptisches Integral 1. Art umschreiben:

$$\frac{\beta_{ig,x}}{\beta_{ig,m}} = \frac{x^{-0,5}}{\frac{4 \cdot \sqrt{2}}{\pi \cdot \sqrt{R}} \cdot \frac{\sqrt{2}}{3} \cdot \underbrace{\int_0^{\pi/2} \frac{1}{\sqrt{1 - 0,5 \cdot sin^2 \varphi}} \cdot d\varphi}_{EllipticK\left(\frac{\sqrt{2}}{2}\right)}} \qquad (3.41)$$

Die Funktionswerte solcher Integrale lassen sich entweder entsprechenden Integraltabellen entnehmen oder mit einem mathematischen Rechenprogramm (z. B. Maple) ermitteln. Da sich der Messpunkt im Mittelpunkt der Kreisscheibe ($x = R$) befindet, folgt als Endergebnis mit Gleichung (3.35):

$$\frac{\dot{m}_{i,x}}{\dot{m}_{i,m}} = \frac{\beta_{ig,x}}{\beta_{ig,m}} = \frac{3}{8} \cdot \pi \cdot \left(EllipticK\left(\frac{\sqrt{2}}{2}\right) \right)^{-1} = \underline{\underline{0,6354}} \qquad (3.42)$$

Der flächenbezogene Stoffstrom am Messpunkt beträgt also für den Grenzfall der rein gasseitig limitierten Lösemittelpermeation nur 63,54 % des flächenbezogenen Gesamtstoffstroms aus der Lösemittelbilanz zwischen Ein- und Austritt des Strömungskanals.

Da die Permeation von Wasser und Alkohol durch eine Nafion®-Membran sowohl durch den Stofftransportwiderstand im Polymer als auch durch den Widerstand in der Gasphase beeinflusst wird, liegt der Massenstrom am Messpunkt zwischen 100 % (rein membranseitig kontrolliert) und 63,54 % (rein gasseitig kontrolliert) des über die Membranfläche gemittelten Massenstroms. Eine Diskussion der damit verbundenen Schwierigkeiten bei der direkten Bestimmung der Diffusionskoeffizienten von Wasser und Alkohol in Nafion® folgt in Abschnitt 4.5.

Nach dieser ausführlichen Betrachtung der mathematischen Grundlagen zur Beschreibung der Wasser- und Alkoholpermeation durch eine Brennstoffzellenmembran werden im folgenden Kapitel die experimentellen Untersuchungsergebnisse diskutiert.

4   Experimentelle Untersuchungen

Durch die Weiterentwicklung der am Institut für Thermische Verfahrenstechnik etablierten Inversen-Mikro-Raman-Spektroskopie (IMRS) wurde im Rahmen der vorliegenden Arbeit eine Messtechnik geschaffen, die sich hervorragend dazu eignet, Stofftransportvorgänge in Membransystemen zu untersuchen. Um zu überprüfen, ob, und wenn ja unter welchen Bedingungen, sich die Pervaporation von Wasser und Alkohol durch eine Brennstoffzellenmembran aus Nafion® mit Hilfe des in Abschnitt 3 vorgestellten Simulationsmodells beschreiben lässt, werden berechnete Beladungsprofile mit geeigneten Messdaten verglichen. Die neu entwickelte Messtechnik ermöglicht hierfür die experimentelle Bestimmung der Beladungsprofile von Wasser und Alkohol in der Membran bei unterschiedlichen Randbedingungen für die Permeation. Für die Messungen wird der Fokuspunkt eines glasfasergekoppelten Lasermikroskops mit Hilfe eines elektrischen Feintriebs schrittweise von oben nach unten durch die Polymermembran bewegt (vergl. Abschnitt 2). Bei jedem Schritt wird das lokale Raman-Spektrum aufgenommen und von einer Messsoftware in dreidimensionaler Darstellung ausgegeben. Abb. 4.1 zeigt die Spektren eines solchen Tiefenscans mit einer Schrittweite von 2 µm durch eine Nafion®-Membran, die auf der Oberseite in Kontakt mit einer Methanol-Wasser-Lösung steht und auf ihrer Unterseite von konditionierter Luft überströmt wird.

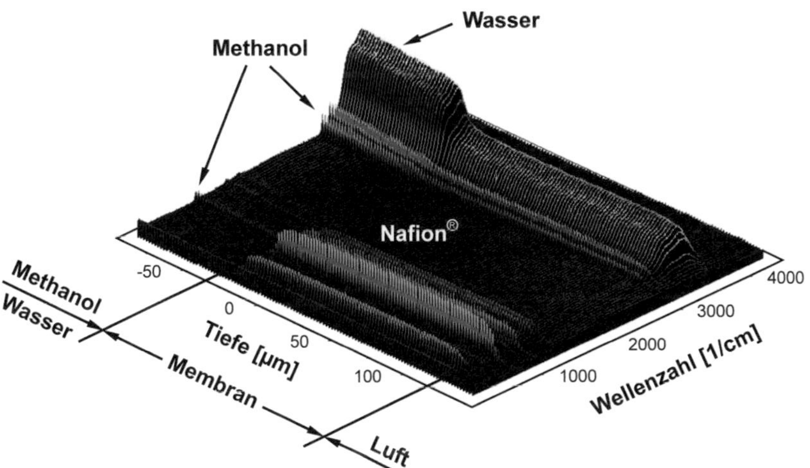

Abb. 4.1: Tiefenscan durch eine überströmte Nafion®-Membran in Kontakt mit einer Methanol-Wasser-Lösung (Schrittweite: 2 µm).

Zur quantitativen Bestimmung der Konzentrationsprofile von Wasser und Alkohol in der Membran wird jedes Spektrum innerhalb des Tiefenscans einzeln ausgewertet (vergl. Abschnitt 2.2.2) und das Resultat der entsprechenden Position des Fokuspunktes zugeordnet. Durch Variation des Alkoholgehalts, der Versuchstemperatur und der Membranüberströmung lassen sich unterschiedliche Randbedingungen für den Pervaporationsprozess realisieren, um den Einfluss auf die sich ausbildenden Beladungsprofile von Wasser und Alkohol zu untersuchen. Um sicherzustellen, dass die Untersuchungen bei lokal stationären Bedingungen stattfinden, wurden einzelne Messungen über einen Zeitraum von mehreren Stunden wiederholt. Dabei hat sich gezeigt, dass nach etwa 30 Minuten keine Veränderung der gemessenen Beladungsprofile mehr zu beobachten ist. Die vorgestellten Messungen wurden daher mindestens 30 Minuten nach Einstellung der jeweiligen Versuchsbedingungen durchgeführt. Der folgende Abschnitt gibt zunächst einen kurzen Überblick über die Versuchsvorbereitungen zur Vorbehandlung der verwendeten Polymermembranen, anschließend wird detailliert auf die Kalibrierung der untersuchten Stoffsysteme eingegangen.

4.1 Versuchsvorbereitungen

Für die experimentellen Untersuchungen wurden kreisrunde Membranproben (Ø 50 mm) aus Nafion®-Folien (Nafion® 115 oder Nafion® 117) ausgestanzt. Damit die Eigenschaften der Polymermembranen möglichst den Eigenschaften der üblicherweise in Brennstoffzellen eingesetzten Membranen entsprechen, wurden sie in mehreren Arbeitsschritten nach einer in der Literatur häufig beschriebenen Methode vorbehandelt (siehe z. B. Scott et al., 1999). Zur Befreiung von organischen Rückständen wurden die Nafion®-Proben zunächst für drei Stunden in einer 5 %-igen Wasserstoffperoxid-Lösung bei 80°C bis 90°C gereinigt. Anschließend wurden sie in heißem, demineralisiertem Wasser ausgespült und in 1 M Schwefelsäure für eine Stunde bei ca. 100°C protoniert. Nach einer abschließenden Reinigungsphase in demineralisiertem Wasser (ca. 2 Stunden bei 100°C) wurden die Polymermembranen in Kunststoffbehältern mit demineralisiertem Wasser gelagert. Um eine übermäßige Volumenänderung des Polymers während der Versuche zu vermeiden, wurden die Membranen vor ihrer Verwendung in der jeweiligen Alkohol-Wasser-Lösung vorgequollen.

4.2 Kalibrierung der Stoffsysteme

Um aus den gemessenen Intensitätsverhältnissen der einzelnen Komponenten in einem Tiefenscan die lokale Wasser- und Alkoholbeladung berechnen zu können, müssen zunächst die Kalibrierungsfaktoren aus Gleichung (2.6) und (2.7) (vergl. Abschnitt 2.2.2) bestimmt werden. Dazu werden verschiedene Proben mit bekannter Zusammensetzung vermessen. Für die binären Teilstoffsysteme Methanol-Wasser und Ethanol-Wasser ist die Kalibrierung vergleichsweise einfach. Die einzelnen Komponenten sind im gesamten Konzentrationsbereich vollständig mischbar, und es lassen sich dementsprechend Kalibrierlösungen unterschiedlicher Zusammensetzung herstellen. Bei der Bestimmung der Kalibrierfaktoren der ternären Systeme tritt das Problem auf, dass mit einem vernetzten Polymer keine Kalibrierlösungen angesetzt werden können. Deshalb wird für die Kalibrierung der ternären Stoffsysteme eine Besonderheit im Molekülaufbau des Nafions® genutzt. Da Nafion® keine aliphatischen C-H-Bindungen aufweist, treten im Bereich von 2800 bis 3800 cm^{-1} Wellenzahlen keine Raman-Signale von Nafion® auf (siehe z. B. Abb. 2.5). Aufgrund dieser Besonderheit können die <u>ternären</u> Messungen - bei einem Tiefenscan durch die Membran - im Bereich von 2800 bis 3800 cm^{-1} Wellenzahlen (quasi-) <u>binär</u> ausgewertet werden. Nach erfolgreicher binärer Kalibrierung erhält man aus dieser Auswertung sowohl außerhalb als auch innerhalb der Membran das Massenverhältnis von Alkohol zu Wasser. In der Membran muss somit nur noch die Beladung der Membran mit <u>einem</u> Lösungsmittel aus der ternären Auswertung bestimmt werden, um die ternäre Zusammensetzung in der Membran ermitteln zu können. Diese Tatsache ermöglicht eine vereinfachte Kalibrierung des ternären Stoffsystems.

4.2.1 Kalibrierung der binären Stoffsysteme

Die Kalibrierlösungen für die Stoffsysteme Methanol-Wasser und Ethanol-Wasser wurden in GC-Gläschen im interessierenden Konzentrationsbereich angesetzt. Um zu überprüfen, inwieweit die Kalibrierung temperaturabhängig ist, wurde die Kalibrierung bei 20, 30, 40, 50 und 60°C durchgeführt. Zusätzlich zu den Kalibrierlösungen wurden jeweils auch die Reinstoffe bei den verschiedenen Temperaturen vermessen. Hierfür wurden die Proben zunächst in einem Wasserbad auf die gewünschte Temperatur gebracht und anschließend in einem temperierten Probenhalter (siehe Abb. 4.2) spektral vermessen. Zur Überprüfung der Reproduzierbarkeit wurde jede Messung fünfmal wiederholt.

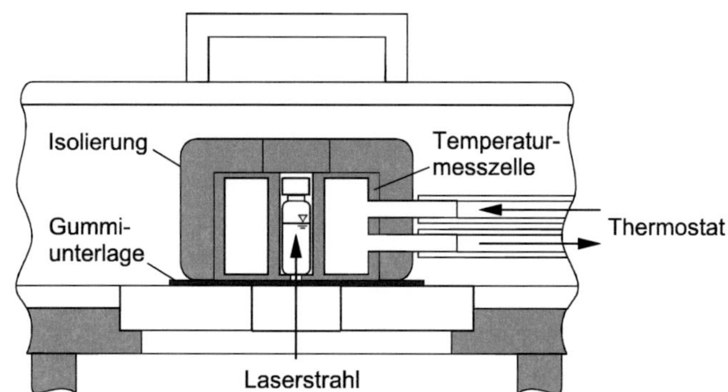

Abb. 4.2: Skizze des temperierbaren Probenhalters zur Kalibrierung der binären Teilstoffsysteme Methanol- und Ethanol-Wasser bei unterschiedlichen Probentemperaturen.

Betrachtet man in Abb. 4.3 die Reinstoffspektren der Komponente Wasser für die unterschiedlichen Temperaturen wird ersichtlich, dass der Verlauf des Raman-Signals stark von der Temperatur beeinflusst wird.

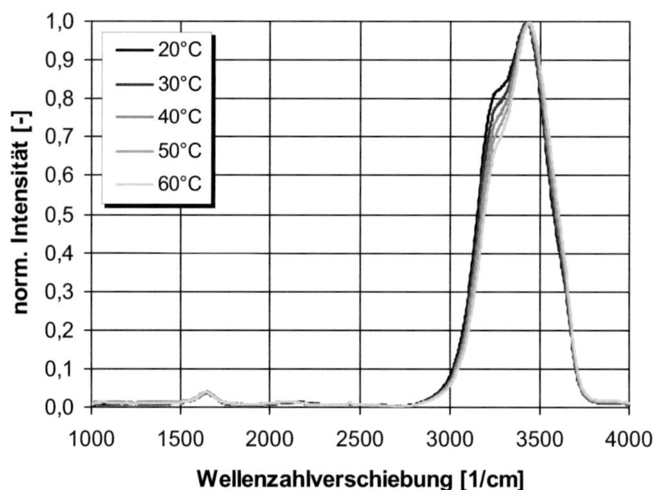

Abb. 4.3: Einfluss der Temperatur auf das Reinstoffspektrum von Wasser bei Temperaturen von 20°C bis 60°C.

Die Form des Raman-Signals von Wasser zeigt, dass sich das gemessene Spektrum aus einer Überlagerung der Raman-Signale von zwei unterschiedlichen Molekülbindungen zusammensetzt. Dies sind zum einen die kovalenten OH-Bindungen innerhalb eines Wassermoleküls ($\tilde{v}_k \approx 3400$ cm^{-1}) und zum anderen die OH-Wasserstoffbrückenbindungen zwischen den einzelnen Wassermolekülen ($\widetilde{v}_k \approx 3250$ cm^{-1}) (siehe z. B. Walrafen, 1967). Im Bereich der Wasserstoffbrückenbindungen bei ca. 3250 cm^{-1} Wellenzahlen nimmt die Intensität des Raman-Signals mit zunehmender Temperatur ab, da die Bindungen durch die stärkere Brown'sche Molekularbewegung geschwächt und teilweise gelöst werden.

Um die spätere Auswertung von Tiefenscans durch die Polymermembran zu vereinfachen, ist es zweckmäßig, die Raman-Spektren des Wassers bei den unterschiedlichen Temperaturen durch ein einziges <u>temperaturabhängiges</u> Wasserspektrum zu ersetzen. Hierzu werden zunächst für jede Wellenzahl die normierten Intensitäten über den entsprechenden Temperaturen aufgetragen. Anschließend wird in Microsoft Excel für jede Wellenzahl eine <u>lineare</u> Trendlinie durch die Messwerte gelegt. Andere Abhängigkeiten von der Temperatur (z. B. exponentiell entsprechend einer Boltzmann-Verteilung) wären durchaus denkbar, jedoch finden sich in der Literatur keine entsprechenden Hinweise. In Abb. 4.4 ist die Vorgehensweise für vier ausgewählte Wellenzahlen dargestellt.

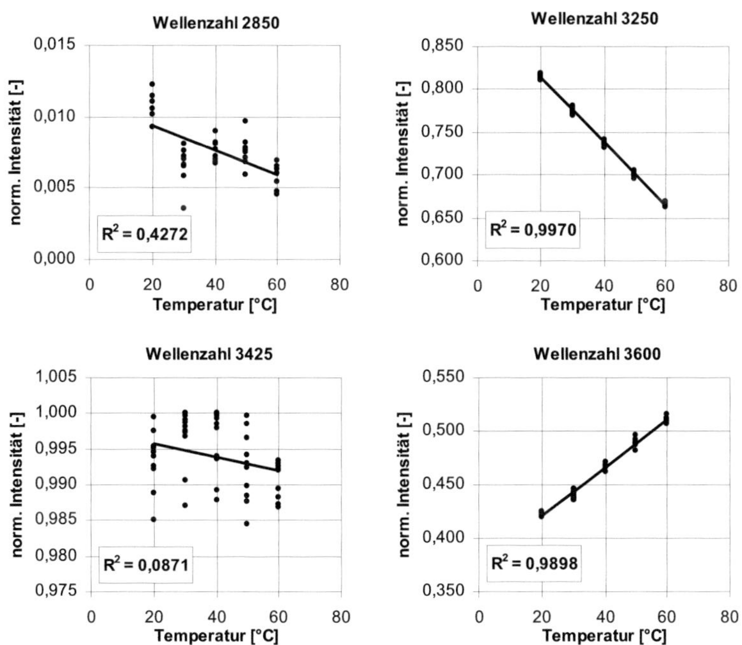

Abb. 4.4: Normierte Intensität in Abhängigkeit von der Temperatur.

Es zeigt sich, dass in den Bereichen, in denen das gemessene Spektrum durch die Temperaturänderung stark beeinflusst wird (siehe Abb. 4.3), die Messdaten sehr gut durch eine lineare Anpassung beschrieben werden können.

Somit erhält man für jede Wellenzahl eine Geradengleichung, die den Zusammenhang zwischen der normierten Intensität des Wassersignals und der Temperatur beschreibt. Als Maß für die Qualität der linearen Anpassung ist in Abb. 4.5 zusätzlich zu den Wasserspektren das Bestimmtheitsmaß R^2 der Trendlinie, welches sich mit Gleichung (4.1) berechnen lässt, dargestellt.

$$R^2 = \left(\frac{\sum (x - \bar{x}) \cdot (y - \bar{y})}{\sqrt{\sum (x - \bar{x})^2 \sum (y - \bar{y})^2}} \right)^2 \tag{4.1}$$

Für die Komponente Wasser ist in den Bereichen von 3100 bis 3300 cm^{-1} und 3550 bis 3650 cm^{-1} Wellenzahlen das Bestimmtheitsmaß nahezu Eins. Das bedeutet, dass sich die Temperaturabhängigkeit des Wasserspektrums in diesen Bereichen sehr gut durch einen linearen Zusammenhang zwischen Raman-Intensität und Probentemperatur beschreiben lässt.

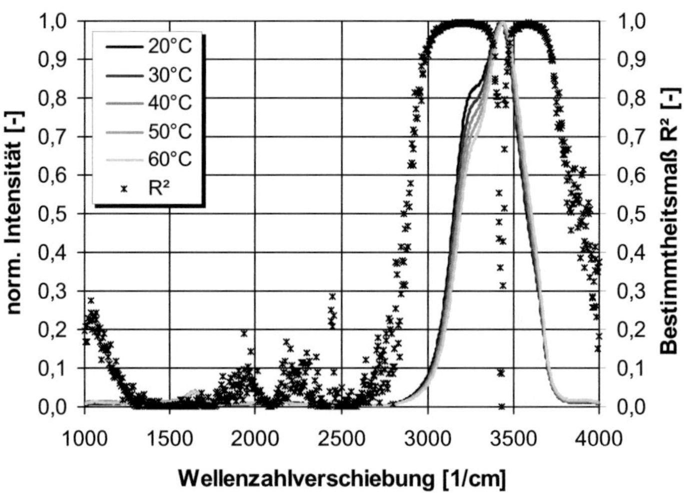

Abb. 4.5: *Einfluss der Temperatur auf das Reinstoffspektrum von Wasser bei Temperaturen von 20°C bis 60°C mit Bestimmtheitsmaß der linearen Anpassung.*

Mit Hilfe der Anpassung ist es zum einen möglich, bei einer beliebigen Temperatur das zugehörige Wasserspektrum zu berechnen, zum anderen kann für ein gemessenes Wasserspektrum durch Minimierung der Summe der Fehlerquadrate zwischen gemessenem und berechnetem Spektrum im Bereich hoher Werte des Bestimmtheitsmaßes die lokale Probentemperatur berechnet werden[6].

Anders als für Wasser, können die Reinstoffspektren der Komponenten Methanol und Ethanol als temperaturunabhängig betrachtet werden. Die entsprechenden Abbildungen finden sich im Anhang (Abb. A 9.1 und Abb. A 9.2). Lediglich im Bereich von 3200 bis 3650 cm^{-1} Wellenzahlen zeigt sich ein geringer Temperatureinfluss, der hier vernachlässigt wurde.

Aus der binären Auswertung der Kalibrierlösungen der Stoffsysteme Methanol-Wasser und Ethanol-Wasser erhält man das Intensitätsverhältnis der jeweiligen Komponente Methanol bzw. Ethanol zu Wasser. Trägt man dieses Intensitätsverhältnis über der angesetzten Alkoholbeladung der entsprechenden Probe auf, bestätigt sich der in Gleichung (2.6) entwickelte lineare Zusammenhang zwischen Intensitätsverhältnis und Beladung (siehe Abb. 4.6).

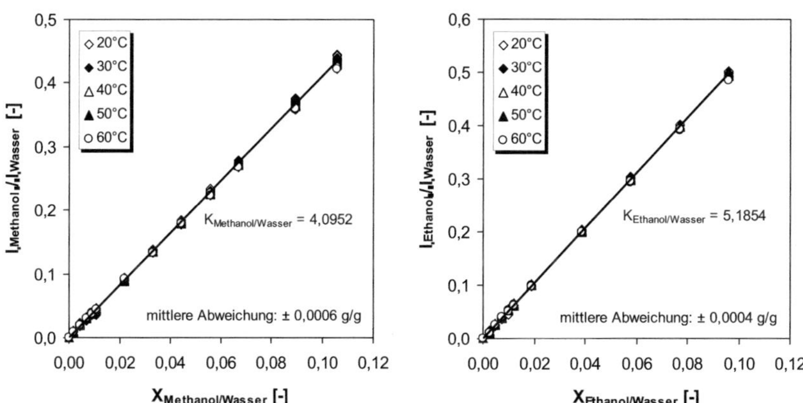

Abb. 4.6: Kalibrierungsgeraden für die Stoffsysteme Methanol- bzw. Ethanol-Wasser bei Temperaturen zwischen 20°C und 60°C. Die Symbole entsprechen den Messdaten, die durchgezogenen schwarzen Linien sind lineare Ausgleichsfunktionen durch den Ursprung des Koordinatensystems und alle Messdaten.

Die Steigungen der Kalibrierungsgeraden entsprechen den Kalibrierungsfaktoren $K_{i/Wasser}$ aus Gleichung (2.6). Da für die Bestimmung der Kalibriergera-

---

[6] In Diskussionen wird immer wieder die (berechtigte) Frage gestellt, ob es durch die intensive Laserstrahlung zu einer Beeinflussung der untersuchten Polymerproben und somit zu einer Verfälschung der Messergebnisse kommen kann. Dies würde unweigerlich zu einer Erhöhung der lokalen Probentemperatur führen, die in einer Veränderung des temperaturabhängigen Wasserspektrums resultieren müsste. Die gemessenen Raman-Spektren entsprechen aber auch bei langen Messzeiten stets den zur jeweiligen Versuchstemperatur zugehörigen Spektren, weshalb ein schädigender Energieeintrag durch den verwendeten Laser ausgeschlossen werden kann.

den sämtliche Messwerte bei den unterschiedlichen Temperaturen verwendet wurden, gelten die Kalibrierungsfaktoren für den gesamten betrachteten Temperaturbereich von 20°C bis 60°C. Die mittlere Abweichung zwischen den angesetzten Alkoholbeladungen und den aus den zugehörigen Intensitätsverhältnissen von Alkohol zu Wasser mit Hilfe der Kalibrierkonstanten berechneten Alkoholbeladungen liegt für Methanol-Wasser bei 0,6 mg/g und für Ethanol-Wasser bei 0,4 mg/g. Nur durch diese - gegenüber vorangegangen Auswertemethoden (siehe Abschnitt 2.2.2) deutlich verbesserte - Konzentrationsauflösung ist es möglich, den Stofftransport von Wasser und Alkohol in Brennstoffzellenmembranen bei den geringen üblichen Alkoholkonzentrationen (bis maximal 2 mol/l) zu untersuchen.

Nach der binären Kalibrierung der Alkohol-Wasser-Systeme folgt nun die Kalibrierung der ternären Stoffsysteme.

4.2.2 Kalibrierung der ternären Stoffsysteme

Für die ternäre Kalibrierung der Stoffsysteme Methanol- bzw. Ethanol-Wasser-Nafion$^{®}$ müssen ternäre Proben mit bekannter Zusammensetzung vermessen werden. Da sich aufgrund der vernetzten Struktur des Nafions$^{®}$ keine Kalibrierlösungen herstellen lassen, werden Nafion$^{®}$-Membranen in Alkohol-Wasser-Lösungen mit unterschiedlichem Alkoholgehalt so lange eingelegt, bis sich eine konstante Gleichgewichtsbeladung des Polymers eingestellt hat. Betrachtet man zunächst den Grenzfall der Quellung in reinem Wasser, so lässt sich aus den Raman-Spektren innerhalb der Membran das Intensitätsverhältnis von Wasser zu Nafion$^{®}$ ermitteln. Zur Bestimmung der Kalibrierungskonstante $K_{Wasser/Nafion}$ wird die jeweils zugehörige Beladung der Membran mit Wasser benötigt (siehe Gl. (2.7)). Diese wird gravimetrisch bestimmt. Die Membran wird aus dem Wasser herausgenommen, mit Hilfe von Löschpapier von anhaftender Flüssigkeit befreit und mit einer Präzisionswaage (Sartorius Research R200D) gewogen. Anschließend wird die Trockenmasse der Membran nach mehrtägiger Trocknung in einem Vakuumtrockenschrank bestimmt. Trägt man das gemessene Intensitätsverhältnis über der gravimetrisch bestimmten Wasserbeladung der entsprechenden Membran auf, so erhält man den gesuchten Zusammenhang zur Bestimmung der Kalibrierungskonstante von Wasser in Nafion$^{®}$.

Zur Bestimmung der Kalibrierungskonstanten für Methanol und Ethanol in Nafion$^{®}$ könnte man prinzipiell genauso vorgehen. Allerdings wäre die Beladung der Membran im Gleichgewicht mit reinem Alkohol deutlich höher als die übliche Beladung beim Einsatz in einer Brennstoffzelle (Alkoholkonzentration in der wässrigen Phase maximal 2 mol/l). Um im relevanten Zusammensetzungsbereich möglichst genaue Aussagen über den Alkoholgehalt in Nafion®-Membranen zu gewährleisten, ist eine solche Kalibrierung ungeeignet. Aus diesem Grund wurde für die Bestimmung der <u>ternären</u> Kalibrierkonstanten eine neue Methode entwickelt. Dafür wird ausgenutzt, dass sich die binären Teilstoffsystem Methanol-Wasser und Ethanol-Wasser auch in den jeweiligen ternären Systemen getrennt auswerten lassen (s. o.). Somit kann das Massenverhältnis von Alkohol zu Wasser auch <u>innerhalb der Membran</u> mit Hilfe der <u>binären</u> Kalibrierung bestimmt werden. Bei bekannter Wasserbeladung lässt sich daraus der Alkoholgehalt in der Membran ermitteln. Trägt man das ternär bestimmte Intensitätsverhältnis von Alkohol zu Nafion® über der durch Kombination von binärer und ternärer Auswertung ermittelten Alkoholbeladungen der Membran auf, erhält man die Kalibrierungskonstante für Methanol bzw. Ethanol in Nafion®.

Für die quantitative Auswertung von Tiefenscans durch mit Wasser und Alkohol beladene Nafion®-Membranen muss noch eine weitere Besonderheit des untersuchten Stoffsystems berücksichtigt werden. Vergleicht man das gemessene Wasserspektrum innerhalb der Membran mit dem entsprechenden Reinstoffspektrum bei gleicher Temperatur, so fällt auf, dass die Form der Wasserspektren unterschiedlich ist (siehe Abb. 4.7).

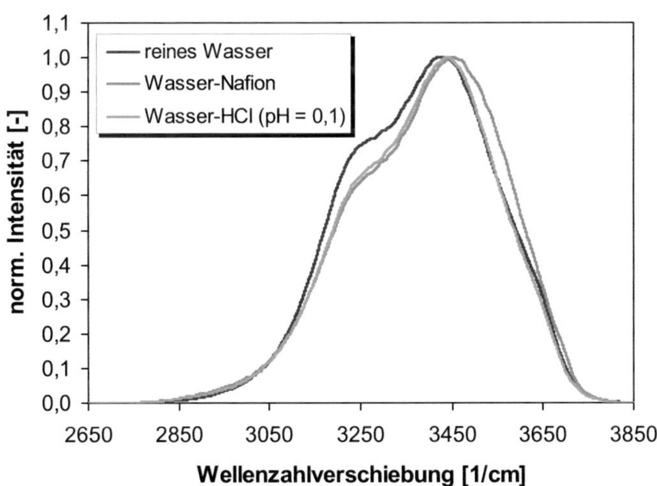

Abb. 4.7: Vergleich der Raman-Spektren bei 40°C von reinem Wasser, Wasser innerhalb einer mit Wasser gesättigten Nafion®-Membran und Wasser mit Salzsäure bei einem pH-Wert von 0,1.

Im Bereich der Wasserstoffbrückenbindungen bei ca. 3250 cm^{-1} Wellenzahlen ist die Intensität des Raman-Signals innerhalb der Membran gegenüber dem Reinstoffspektrum reduziert, im Bereich von ca. 3600 cm^{-1} erhöht. Die beobachtete Veränderung ist auf den niedrigen pH-Wert innerhalb der „Supersäure" Nafion$^{®}$ zurückzuführen. Durch den starken Protonenüberschuss werden die Wasserstoffbrückenbindungen zwischen den einzelnen Wassermolekülen geschwächt, und die Intensität des charakteristischen Raman-Signals nimmt entsprechend ab. Eine Überprüfung durch Zugabe von Salzsäure (HCl) zeigt, dass das Raman-Spektrum von Wasser bei einem pH-Wert von 0,1 im Bereich von 3250 cm^{-1} in etwa dem Wasserspektrum innerhalb der Membran entspricht.

Bei höheren Wellenzahlverschiebungen gibt es jedoch immer noch Unterschiede. Offensichtlich sind die Wechselwirkungen der Wasserstoffbrückenbindungen des Wassers mit den Säuregruppen einer Nafion$^{®}$-Membran anders als mit den Protonen der dissoziierten Salzsäure. Aus diesem Grund werden für die Auswertung von Raman-Messungen in Nafion$^{®}$-Membranen innerhalb der Membran aufgenommene Wasserspektren verwendet. Um zusätzlich die Temperaturabhängigkeit zu berücksichtigen, wurde das pH-modifizierte Wasserspektrum in der Membran wieder bei Temperaturen von 20°C bis 60°C vermessen Abb. 4.8 zeigt, dass das Raman-Spektrum des Polymers dabei nicht beeinflusst wird.

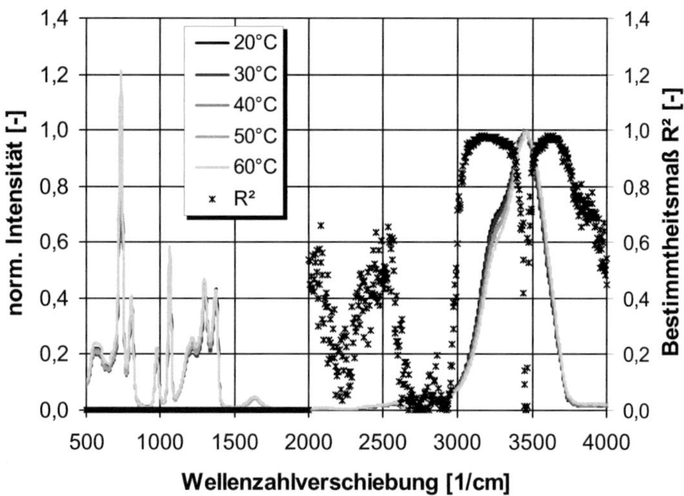

Abb. 4.8: Einfluss der Temperatur auf das (pH-Wert-modifizierte) Raman-Spektrum von Wasser in einer mit Wasser gesättigten Nafion$^{®}$-Membran bei Temperaturen von 20°C bis 60°C.

Entsprechend Abschnitt 4.2.1 wurde aus den Messdaten in Abb. 4.8 ein pH-Wert-modifiziertes, temperaturabhängiges Wasserspektrum berechnet. Da der pH-Wert der umgebenden Flüssigkeit durch den Einfluss der Membran abnimmt, wird für die Auswertung in diesem Bereich ein Wasserspektrum verwendet, das anteilig aus dem Reinstoffspektrum und dem pH-Wert-modifizierten Spektrum von Wasser bei der jeweiligen Versuchstemperatur zusammengesetzt ist. Das Verhältnis der Spektren wird dabei so lange variiert, bis sich das gemessene Spektrum aus den kombinierten Reinstoffspektren darstellen lässt. Innerhalb der Membran wird für die Auswertung nur das pH-Wert-modifizierte Spektrum von Wasser herangezogen.

Um zu überprüfen ob eine pH-Wert-Abhängigkeit der Spektren von Methanol und Ethanol vorliegt, wurde der pH-Wert beider Komponenten durch Zugabe von Salzsäure ebenfalls auf einen Wert von 0,1 eingestellt. Der Vergleich der Raman-Spektren der Reinstoffe mit den Spektren der pH-modifizierten Proben zeigt nur eine geringe Beeinflussung der Spektren (s. Anhang Abb. A 9.3), die für die quantitative Analyse vernachlässigt wird.

Alle Besonderheiten der Stoffsysteme Methanol- bzw. Ethanol-Wasser-Nafion® können nun für die Auswertung der Raman-Spektren ternärer Proben berücksichtigt werden, eine Kalibrierung der verschiedenen Stoffsysteme ist somit möglich. Abb. 4.9 zeigt zunächst die Kalibriergerade für Wasser in Nafion®.

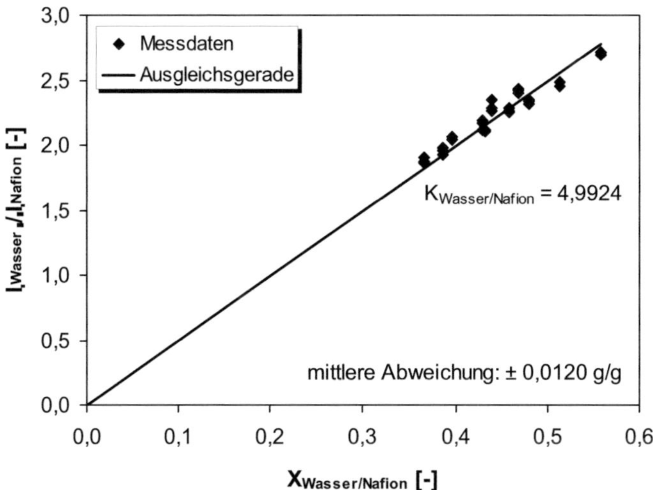

Abb. 4.9: Kalibrierungsgerade für Wasser in Nafion® bei Raumtemperatur (ca. 22°C).

Bemerkenswert sind in Abb. 4.9 die deutlichen Unterschiede der Wassergleichgewichtsbeladungen verschiedener für die Kalibrierung verwendeter Nafion®-Membranen. Die gravimetrisch ermittelten Beladungen bewegen sich im Bereich zwischen etwa 0,36 und 0,56 g/g. Der untere Grenzwert entspricht dem üblicherweise in der Literatur verwendeten Gleichgewichtswert, alle anderen Werte liegen deutlich darüber. Ähnliche Schwankungen finden sich auch in der Veröffentlichung von Onishi, Prausnitz & Newman (2007). Die höchsten Beladungen zeigen Nafion®-Proben, die für eine längere Zeit Alkohol-Wasser-Lösungen mit hohem Alkoholgehalt ausgesetzt waren. Offensichtlich bewirkt die starke Quellung in Alkohol eine Veränderung der Polymerstruktur, die anschließend auch ohne anwesenden Alkohol zu einer erhöhten Wasseraufnahme führt. Die höhere Wasseraufnahme lässt auf eine Abnahme der Vernetzungsdichte schließen; vermutlich werden durch die mechanischen Kräfte bei der Quellung in Alkohol physikalische Vernetzungspunkte der Membran gelöst.

Die Streuung der Messwerte um die Kalibriergerade ist auf Ungenauigkeiten bei der gravimetrischen Bestimmung der Wasserbeladung der Membran zurückzuführen. Zum einen können durch das Trockentupfen der Membran mit Löschpapier Fehler bei der Ermittlung des Feuchtgewichtes auftreten, zum anderen wird die Bestimmung des Trockengewichtes durch die sofortige Aufnahme von Wasser aus der Umgebungsluft nach der Entnahme aus dem Vakuumtrockenschrank erschwert. Um die Trockenmasse der Membranen möglichst genau bestimmen zu können, wurde daher der zeitliche Verlauf der Massenzunahme in der Umgebungsluft ermittelt und durch Extrapolation die Trockenmasse zum Zeitpunkt $t = 0$ berechnet.

Mit der Kalibrierung des Stoffsystems Wasser-Nafion® und den binären Kalibrierungen der Stoffsysteme Methanol-Wasser bzw. Ethanol-Wasser werden nun die ternären Kalibrierungskonstanten für Methanol und Ethanol in Nafion® bestimmt. Für die Gleichgewichtsmessungen wurden Nafion®-Membranen für mehrere Stunden in Alkohol-Wasser-Lösungen mit unterschiedlichen Zusammensetzungen gequollen. Anschließend wurden Tiefenscans, beginnend in der Flüssigphase, bis in die gesättigte Membran hinein aufgenommen. Aus der binären Auswertung im Bereich von 3000 cm^{-1} Wellenzahlen erhält man die Massenbeladung von Alkohol zu Wasser außerhalb und innerhalb der Membran. Abb. 4.10 zeigt die ausgewerteten Tiefenscans für Methanol und Wasser in Nafion® bei unterschiedlichen Flüssigkeitszusammensetzungen. Eine entsprechende Darstellung für Ethanol und Wasser findet sich in Abb. A 10.1 im Anhang.

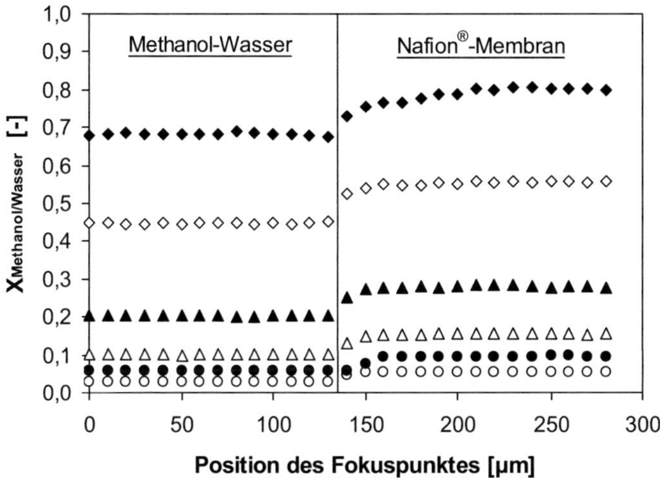

Abb. 4.10: *Massenverhältnis von Methanol zu Wasser außerhalb und innerhalb einer Nafion®-Membran bei unterschiedlichen Zusammensetzungen der Flüssigphase.*

In dieser Auftragung lässt sich sehr gut der Übergang zwischen Flüssigkeit und Membran erkennen. So ist eine klare Abgrenzung beider Bereiche möglich. Durch Mittelwertbildung erhält man die Zusammensetzung der Flüssigkeit außerhalb der Membran und das Verhältnis von Alkohol zu Wasser innerhalb der Membran. Zusätzlich liefert die ternäre Auswertung die Intensitätsverhältnisse von Wasser und Alkohol zu Nafion®. Mit Hilfe des Kalibrierungsfaktors für Wasser in Nafion® (siehe Abb. 4.9) kann daraus die Beladung der Membran mit Wasser bestimmt werden. Durch das bekannte Verhältnis von Alkohol zu Wasser aus der binären Auswertung lässt sich anschließend die Beladung der Membran mit Alkohol ermitteln. Werden die gemessenen Intensitätsverhältnisse von Alkohol zu Nafion® über der berechneten Alkoholbeladung aufgetragen, erhält man die in Abb. 4.11 dargestellten Kalibrierungsgeraden.

Die Steigungen der Kalibrierungsgeraden entsprechen den Kalibrierungsfaktoren $K_{i/P}$ aus Gleichung (2.7). Beide Kalibrierungen zeigen eine sehr geringe Streuung. Die mittlere Abweichung zwischen den aus der Kombination von binärer und ternärer Auswertung bestimmten Alkoholbeladungen und den aus den zugehörigen Intensitätsverhältnissen von Alkohol zu Wasser mit Hilfe der jeweiligen Kalibrierkonstanten berechneten Alkoholbeladungen liegt für das Stoffsystem Methanol-Wasser-Nafion® bei 2,1 mg/g und für Ethanol-Wasser-Nafion® bei 0,7 mg/g.

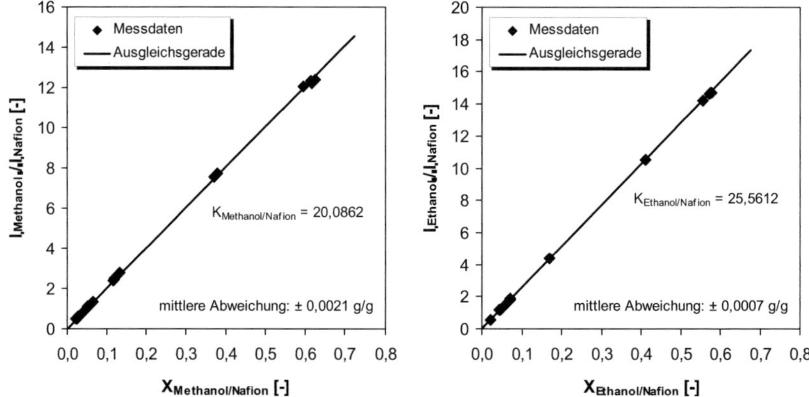

Abb. 4.11: Kalibrierungsgeraden für Methanol und Ethanol in Nafion® bei 40°C. Für die Bestimmung der Beladung des Nafions® mit Alkohol wurde zunächst die Beladung des Polymers mit Wasser aus der Kalibrierung Wasser-Nafion® (Abb. 4.9) ermittelt. Anschließend wurde mit der jeweiligen binären Kalibrierung (Abb. 4.6) das Massenverhältnis von Alkohol zu Wasser bestimmt. Durch Kombination beider Resultate erhält man die Alkoholbeladung der Membran.

Mit Hilfe der in Abschnitt 2.2 beschriebenen Auswertemethoden und der in den vorangegangen Abschnitten diskutierten Kalibrierungen lassen sich erstmals die lokalen Lösemittelbeladungen einer Polymermembran mit hoher örtlicher und <u>quantitativer</u> Auflösung bestimmen. Somit wurden im Rahmen dieser Arbeit alle nötigen Voraussetzungen geschaffen, um die Stofftransportvorgänge von Wasser und Alkohol in Brennstoffzellenmembranen detaillierter als bisher zu untersuchen und so einen Beitrag zum besseren Verständnis des Phasengleichgewichtsverhaltens und der molekularen Lösemitteldiffusion zu leisten. Die gewonnen Erkenntnisse sollen dazu verwendet werden, die Ausgangshypothese dieser Arbeit zu prüfen und zu zeigen, ob und unter welchen Bedingungen die Pervaporation von Wasser und Alkohol durch eine Brennstoffzellenmembran aus Nafion® modellhaft beschrieben werden kann.

Im folgenden Abschnitt werden zunächst die gewonnen Erkenntnisse zum ternären Phasengleichgewicht diskutiert.

4.3 Experimentelle Untersuchungen zum Phasengleichgewicht

Für die experimentelle Untersuchung des ternären (Flüssig-) Phasengleichgewichts müssen die Wasser- und Alkoholbeladungen von Nafion®-Membranen als Funktion der Alkoholkonzentration in der korrespondierenden Flüssigphase bestimmt werden. Im Gegensatz zu den aufwendigen gravimetrischen Messmethoden (vergl. Abschnitt 1.2.1) bietet die in dieser Arbeit entwickelte Messtechnik den Vorteil, Wasser- <u>und</u> Alkoholaufnahme <u>direkt</u> aus einer <u>einzelnen</u> Messung <u>nicht-invasiv</u> bestimmen zu können. Der Vorzug gegenüber anderen spektroskopischen Messmethoden (z. B. NMR) besteht zudem in der deutlich höheren Ortsauflösung, die es unter anderem ermöglicht, Aussagen über die lokale Verteilung der Lösemittel in der Membran zu treffen.

Bei der experimentellen Umsetzung der Phasengleichgewichtsmessungen sind unterschiedliche Vorgehensweisen denkbar. Die einfachste Methode besteht darin, dass Membranen in Alkohol-Wasser-Lösungen mit bekannter Zusammensetzung eingelegt werden und die Wasser- und Alkoholbeladungen im Gleichgewicht bestimmt werden. Mehrere Versuche in - im Rahmen der vorliegenden Arbeit durchgeführten - Diplomarbeiten von Krenn (2005), Klippstein (2006) und Mächtel (2007) haben allerdings gezeigt, dass die gemessenen Gleichgewichtsbeladungen stark von der jeweiligen Membran und deren Vorgeschichte abhängen. Eine zuverlässige modellhafte Beschreibung gemessener Beladungsprofile kann mit solchen Messdaten nicht gewährleistet werden. Aus diesem Grund wurde eine neue Bestimmungsmethode entwickelt, bei der die Gleichgewichtsbeladungen aus unterschiedlichen Versuchsreihen durch Extrapolation von gemessenen Beladungsprofilen in überströmten Membranen zur Phasengrenze zwischen Alkohollösung und Polymermembran bestimmt werden. Eine ausführliche Erläuterung der prinzipiellen Vorgehensweise findet sich im Anhang A 11.

In den folgenden Unterabschnitten werden die so gewonnenen Phasengleichgewichtsdaten miteinander verglichen und diskutiert.

Ternäres Phasengleichgewicht Methanol-Wasser-Nafion®

In Abb. 4.12 sind die im Rahmen dieser Arbeit gewonnenen Messdaten aus den Diplomarbeiten von Klippstein (2006) und Mächtel (2007) zusammen mit Messdaten aus der Literatur dargestellt. Aufgetragen sind die Wasser- und Methanolbeladungen verschiedener Nafion®-Membranen in Mol Lösemittel pro Mol Sulfonsäure-Gruppen als Funktion des Methanolmolenbruchs in der korrespondierenden Flüssigphase außerhalb der Membran.

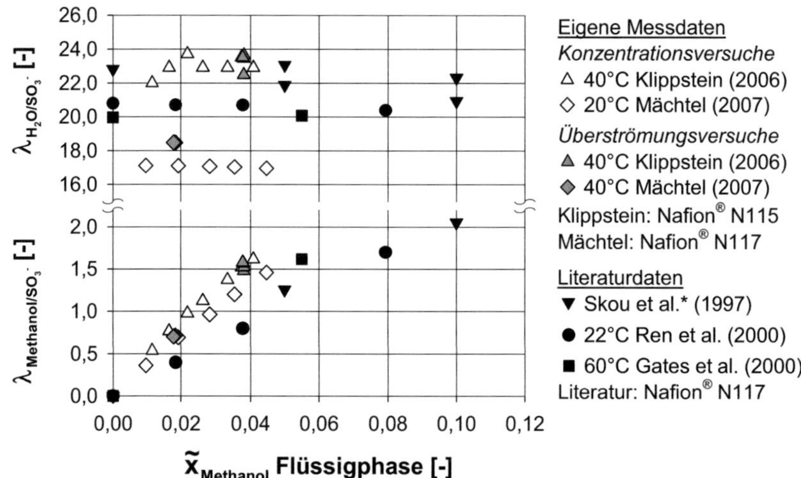

Abb. 4.12: Wasser- und Methanolaufnahme in Mol Lösemittel pro Mol Sulfonsäure-Gruppen (SO_3^-) als Funktion des Methanolmolenbruchs in der korrespondierenden Flüssigphase (Messdaten von Skou et al. (1997) bei Raumtemperatur, also vermutlich zwischen 15°C und 25°C).*

Die Messungen von Klippstein (2006) und Mächtel (2007) decken den für Direkt-Methanol-Brennstoffzellen üblichen Alkoholkonzentrationsbereich von 0,5 mol/l bis 2 mol/l ab. Zusätzlich zu den eigenen Messdaten sind in Abb. 4.12 Literaturdaten aus den Arbeiten von Skou et al. (1997), Ren et al. (2000) und Gates et al. (2000) dargestellt. In allen drei Arbeiten wurden zur Bestimmung der Wasser- und Alkoholaufnahme zunächst die Gesamtlösemittelbeladungen aus der Massendifferenz zwischen gesättigten und getrockneten Membranen bestimmt. Skou et al. (1997) und Gates et al. (2000) fangen die anschließend desorbierten Lösemittel in einer Kühlfalle auf und erhalten die jeweiligen Wasser- und Alkoholbeladungen der Membran durch Analyse des Kondensats. Ren et al. (2000) nehmen aufgrund von eigenen NMR-Messungen an, dass die Sorption von Wasser und Methanol in Nafion® unselektiv verläuft und berechnen die Lösemittelanteile in der Membran aus der Gesamtlösemittelaufnahme und der Zusammensetzung der Flüssigphase außerhalb der Membran. Die Selektivität der Alkoholaufnahme stellt demnach eine wichtige Ausgangsgröße zur Bestimmung von Phasengleichgewichtsdaten als Grundlage für Simulationsrechnungen dar.

Um aus den in dieser Arbeit gewonnen Messergebnissen neue Erkenntnisse über die Selektivität der Wasser und Alkoholaufnahme von Nafion®-Membranen zu gewinnen, zeigt Abb. 4.13 die Messdaten aus Abb. 4.12 in einer abgewandelten Darstellung. Aufgetragen ist der auf die sorbierte Gesamtmenge von Wasser und Alkohol bezogene Methanolmolenbruch in der Membran als Funktion des Methanolmolenbruchs in der Flüssigphase. Die schwarze durchgezogene Linie entspricht einer unselektiven Lösemittelaufnahme.

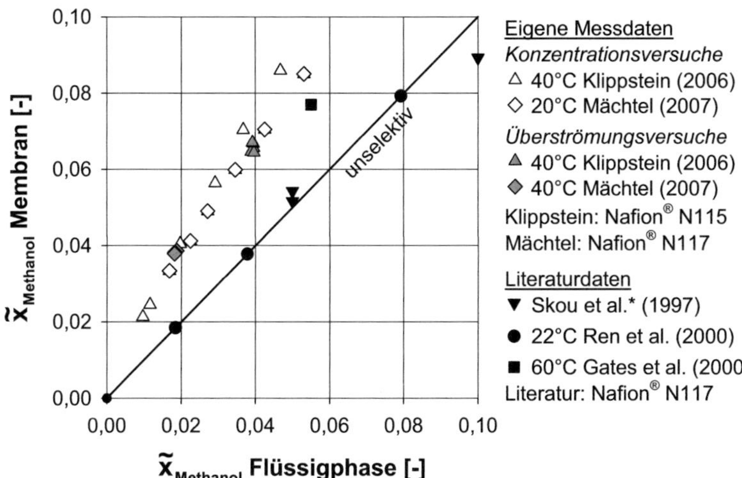

Abb. 4.13: Auf die sorbierte Wasser- und Alkoholphase bezogener Methanolmolenbruch in der Membran bei unterschiedlichen Zusammensetzungen der korrespondierenden Flüssigphase.

Entsprechend der zugrunde liegenden Annahme liegen die Messdaten von Ren et al. (2000) genau auf der Geraden unselektiven Sorptionsverhaltens. Die eigenen Messdaten sowie der einzelne Messwert von Gates et al. (2000) zeigen, dass Nafion®-Membranen bei der Quellung in flüssigen Methanol-Wasser-Lösungen bevorzugt Methanol aufnehmen. Bei einem Molenbruch von etwa 0,02 ist der Alkoholanteil in der sorbierten Flüssigphase fast doppelt so hoch wie in der Flüssigphase außerhalb der Membran[7].

Interessant ist, dass die Messdaten von Skou et al. (1997) ebenfalls auf ein unselektives Sorptionsverhalten hindeuten, obwohl die gleiche Auswertemethode wie in der Veröffentlichung von Gates et al. (2000) verwendet wurde. Skou et al. (1997) weisen jedoch explizit darauf hin, dass sie nur etwa 90 % des insgesamt in der Membran sorbierten Lösemittels in ihrer Kühlfalle auffangen konn-

---

[7] Die selektive Alkoholaufnahme wird auch bei der ternären Alkoholkalibrierung in Abb. 4.10 und Abb. A 10.1 bestätigt. Auch hier zeigen die Ergebnisse der binären Auswertung eindeutig, dass das Massenverhältnis von Alkohol zu Wasser in der Membran deutlich höher ist als außerhalb.

ten. Aufgrund der deutlich unterschiedlichen Dampfdrücke von Methanol und Wasser ist es nicht verwunderlich, dass bei der unvollständigen Kondensation bevorzugt der Schwersieder Wasser kondensiert und somit die Messergebnisse entscheidend verfälscht werden.

Bedingt durch die in Abb. 4.12 zu erkennenden starken Abweichungen in der Wasser- und Alkoholaufnahme verschiedener Nafion®-Membranen - die weder auf das Membranmaterial noch auf die Versuchstemperatur zurückzuführen sind (auch bei gleicher Temperatur und gleichem Membranmaterial kam es im Verlauf der eigenen Arbeiten zu deutlichen Schwankungen) - ist es nicht möglich, die Parameter des Phasengleichgewichtsmodells von Meyers & Newman (2002) einheitlich anzupassen. Vielmehr müssen die Parameter für jede Versuchsreihe separat bestimmt werden.

Um zu zeigen, dass sich das Modell von Meyers & Newman (2002) dann sehr gut für die Beschreibung des ternären Phasengleichgewichts von Wasser und Alkohol in Nafion® eignet, wird eine besondere Art der Darstellung gewählt. In Abb. 4.14 sind exemplarisch für die eigenen Messdaten aus der Arbeit von Klippstein (2006) und für die Daten von Gates et al. (2000) die Aktivitäten von Methanol und Wasser über dem Methanolmolenbruch in der Flüssigkeit, mit der die Membran in Kontakt steht, aufgetragen.

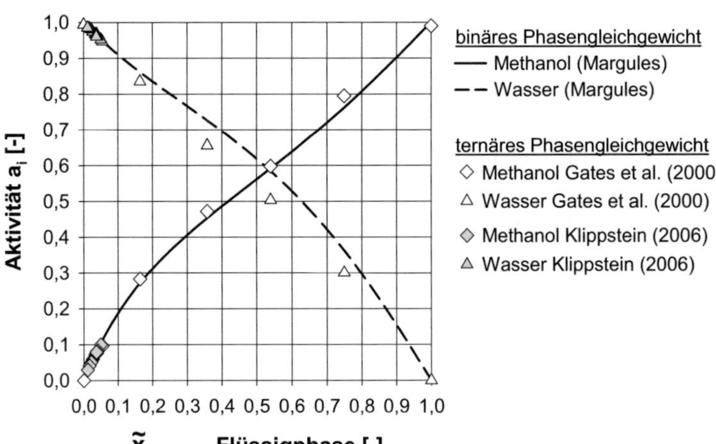

Abb. 4.14: Aktivität der Lösungsmittelkomponenten im ternären Stoffsystem Methanol-Wasser-Nafion® als Funktion des Methanolmolenbruchs in der Flüssigkeit für die Messdaten aus der Diplomarbeit von Klippstein (2006).

Die durchgezogenen Linien entsprechen den nach Margules (siehe Anhang A 4, Gl. (A 4.1)) berechneten Aktivitäten in der Flüssigphase, die Symbole den nach Meyers & Newman (2002) (siehe Abschnitt 3.2, Gl. (3.11) und (3.14)) berechneten Aktivitäten in der Membran. Abb. 4.15 zeigt den für Direkt-Methanol-Brennstoffzellen relevanten Bereich in einer vergrößerten Darstellung.

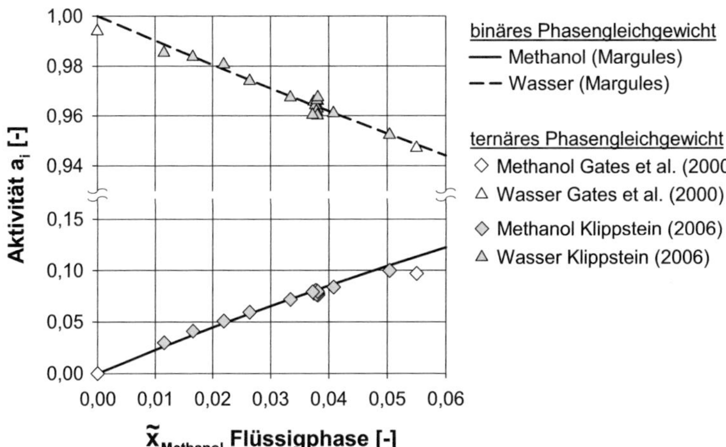

Abb. 4.15: Aktivität der Lösungsmittelkomponenten im ternären Stoffsystem Methanol-Wasser-Nafion® als Funktion des Methanolmolenbruchs in der Flüssigkeit für die Messdaten aus der Diplomarbeit von Klippstein (2006) - vergrößerte Darstellung.

Aufgrund der Komplexität dieser Darstellung soll die Vergehensweise zur Erstellung von Abb. 4.14 und Abb. 4.15 an einem Beispiel erläutert werden. Für den vierten Messpunkt aus der Diplomarbeit von Klippstein bei einem Methanolmolenbruch in der Flüssigphase von $\widetilde{x}_1 = 0{,}0264$ (siehe Abb. 4.15) werden zunächst die Aktivitäten von Wasser und Methanol nach Margules berechnet. Mit den Margules-Parametern $A_{1,2} = 0{,}8517$ und $A_{2,1} = 0{,}4648$ und den Molenbrüchen $\widetilde{x}_1 = 0{,}0264$ (Methanol) und $\widetilde{x}_2 = 0{,}9736$ (Wasser) erhält man:

$$a_{1,Fl} = \gamma_{1,Fl} \cdot \widetilde{x}_{1,Fl} = e^{\left(A_{1,2}+2\cdot\left(A_{2,1}-A_{1,2}\right)\cdot\widetilde{x}_{1,Fl}\right)\cdot\widetilde{x}_{2,Fl}^2} \cdot \widetilde{x}_{1,Fl} = \underline{0{,}0581}$$

$$a_{2,Fl} = \gamma_{2,Fl} \cdot \widetilde{x}_{2,Fl} = e^{\left(A_{2,1}+2\cdot\left(A_{1,2}-A_{2,1}\right)\cdot\widetilde{x}_{2,Fl}\right)\cdot\widetilde{x}_{1,Fl}^2} \cdot \widetilde{x}_{2,Fl} = \underline{0{,}9744}$$

$$(4.2)$$

In Abb. 4.14 und Abb. 4.15 liegen diese Aktivitäten auf den schwarzen Kurven des binären Phasengleichgewichts.

Im thermodynamischen Gleichgewicht müssen die Aktivitäten von Wasser und Methanol in der Membran den zugehörigen Aktivitäten in der korrespondierenden Flüssigphase entsprechen. Die Berechnung erfolgt mit Hilfe des Phasengleichgewichtsmodells von Meyers & Newman (2002) nach Gleichung

(3.11) und (3.14). Für einen Methanolmolenbruch von $\tilde{x}_1 = 0{,}0264$ in der Flüssigphase wurden folgende Methanol- und Wasserbeladungen in der Membran gemessen (siehe Abb. 4.12):

$$X_{Methanol\,/\,Nafion}(\tilde{x}_{1,Fl} = 0{,}0264) = 0{,}0327$$
$$X_{Wasser\,/\,Nafion}(\tilde{x}_{1,Fl} = 0{,}0264) = 0{,}3750 \tag{4.3}$$

Für die Molaritäten von Methanol und Wasser in der Membran folgt:

$$\tilde{m}_1 = \frac{X_{Methanol\,/\,Nafion}}{\tilde{M}_1} = \frac{0{,}0327}{0{,}03204\,kg\,/\,mol} = 1{,}0217\,mol\,/\,kg$$

$$\tilde{m}_2 = \frac{X_{Wasser\,/\,Nafion}}{\tilde{M}_2} = \frac{0{,}3750}{0{,}0180\,kg\,/\,mol} = 20{,}8333\,mol\,/\,kg \tag{4.4}$$

Mit den Phasengleichgewichtsparametern für die Messdaten aus der Diplomarbeit von Klippstein (2006) (siehe Abb. A 12.5 im Anhang A 12) und den Molaritäten von Methanol und Wasser in der Membran folgt aus Gleichung (3.11) und (3.14):

$$\underline{\underline{a_{1,Membran} = 0{,}0594}}$$
$$\underline{\underline{a_{2,Membran} = 0{,}9741}} \tag{4.5}$$

Diese Aktivitäten, die für Methanol etwa 2,4 % und für Wasser 0,04 % von den jeweiligen Aktivitäten in der Flüssigphase abweichen, sind in Abb. 4.14 und Abb. 4.15 als graue Rauten bzw. Dreiecke eingetragen.

Die Beispielrechnung zeigt, dass sich bei bekannter Membranzusammensetzung die Aktivitäten von Wasser und Alkohol in der Membran mit Hilfe des Modells von Meyers & Newman (2002) beschreiben lassen. Voraussetzung ist eine Anpassung der Modellparameter an geeignete Messdaten. Darstellungen für die Messwerte aus der Diplomarbeit von Mächtel (2007) sowie eine Übersicht über die jeweils angepassten Modellparameter finden sich im Anhang in Abschnitt A 12.

Ternäres Phasengleichgewicht Ethanol-Wasser-Nafion[®]

Entsprechend Abb. 4.12 sind in Abb. 4.16 die Gleichgewichtsbeladungen verschiedener Nafion[®]-Membranen in Kontakt mit Ethanol-Wasser-Lösungen unterschiedlicher Zusammensetzungen dargestellt.

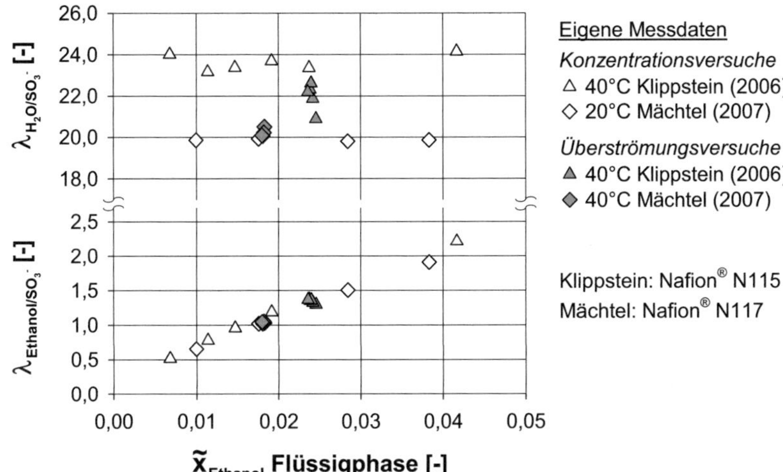

Abb. 4.16: Wasser- und Ethanolaufnahme in Mol Lösemittel pro Mol Sulfonsäure-Gruppen (SO_3^-) als Funktion des Ethanolmolenbruchs in der korrespondierenden Flüssigphase.

Die Daten wurden wieder aus mehreren Versuchsreihen durch Extrapolation gemessener Beladungsprofile zur Phasengrenze ermittelt. Ein Vergleich mit Literaturdaten ist aus Mangel an entsprechenden Publikationen leider nicht möglich. Wie schon für das Stoffsystem Methanol-Wasser-Nafion® fallen auch hier wieder die deutlichen Unterschiede in der Lösemittelaufnahme bei unterschiedlichen Messungen auf, die weder auf das Membranmaterial noch auf die Versuchstemperatur zurückzuführen sind. Im Gegensatz zu den Messungen mit Methanol sind die Unterschiede zwischen den einzelnen Messreihen etwas geringer.

In Abb. 4.17 zeigt sich auch für Ethanol die deutliche Selektivität der Alkoholaufnahme, zumindest im für Direkt-Alkohol-Brennstoffzellen üblichen Konzentrationsbereich. Sämtliche Messwerte liegen weit oberhalb der schwarzen Hilfsgeraden zur graphischen Darstellung eines unselektiven Sorptionsverhaltens.

Wie schon für das Stoffsystem Methanol-Wasser-Nafion® sind die Unterschiede in der Lösemittelaufnahme verschiedener Membranen zu groß, um eine zuverlässige Simulation gemessener Beladungsprofile mit einer einheitlichen Anpassung des Phasengleichgewichtsmodells von Meyers & Newman (2002) zu gewährleisten. Daher müssen auch hier die Modellparameter für die verschiedenen Messreihen separat angepasst werden.

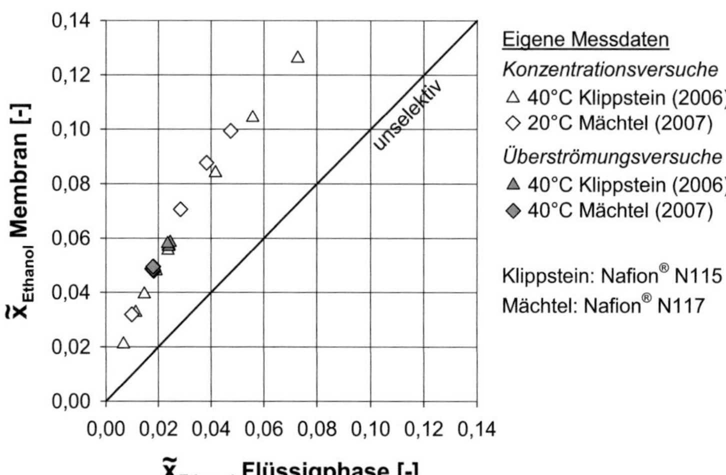

Abb. 4.17: Auf die sorbierte Wasser- und Alkoholphase bezogener Ethanolmolenbruch in der Membran bei unterschiedlichen Zusammensetzungen der korrespondierenden Flüssigphase.

Abb. 4.18 zeigt den Vergleich der Aktivitäten von Wasser und Ethanol in der Flüssigphase und in der Membran nach Anpassung an die Messdaten aus der Diplomarbeit von Klippstein (2006).

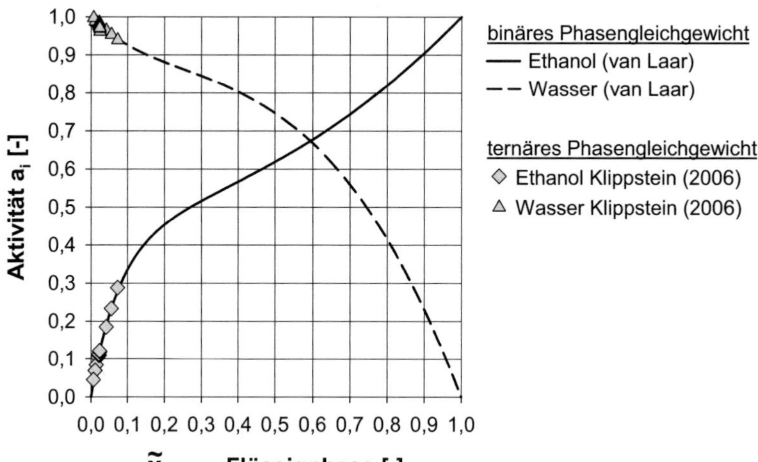

Abb. 4.18: Aktivität der Lösungsmittelkomponenten im ternären Stoffsystem Ethanol-Wasser-Nafion® als Funktion des Ethanolmolenbruchs in der Flüssigkeit für die Messdaten aus der Diplomarbeit von Klippstein (2006).

In der vergrößerten Darstellung (Abb. 4.19) zeigt sich wieder, wie gut das Modell von Meyers & Newman (2002) zur Beschreibung der Messdaten geeignet ist.

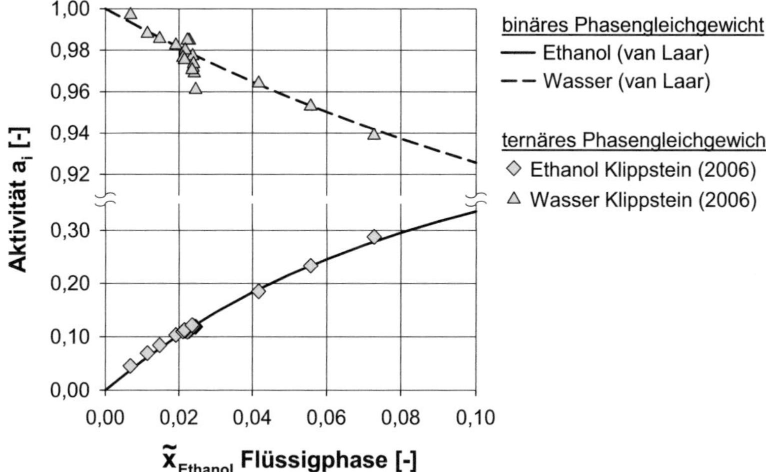

Abb. 4.19: Aktivität der Lösungsmittelkomponenten im ternären Stoffsystem Ethanol-Wasser-Nafion® als Funktion des Ethanolmolenbruchs in der Flüssigkeit für die Messdaten aus der Diplomarbeit von Klippstein (2006) - vergrößerte Darstellung.

Entsprechende Darstellungen für die Messdaten aus der Arbeit von Mächtel (2007) finden sich zusammen mit einer Übersicht über die angepassten Parameter im Anhang A 12.

Nachdem in diesem und in den vorangegangen Abschnitten die Kalibrierung und die experimentelle Bestimmung des ternären Phasengleichgewichts erläutert wurden, werden im folgenden Kapitel die experimentellen Ergebnisse zur Charakterisierung der Pervaporation von Wasser und Alkohol durch Nafion®-Membranen diskutiert.

4.4 Experimentelle Untersuchungen zum Stofftransport

Ziel der experimentellen Untersuchungen zum Stofftransport ist es, durch einen Vergleich gemessener und berechneter Beladungsprofile von Wasser und Alkohol bei der Pervaporation durch Brennstoffzellenmembranen aus Nafion® zu überprüfen, ob sich die Messdaten durch das in Abschnitt 3 vorgestellte Simulationsmodell beschreiben lassen. Die Messungen wurden im Rahmen der Diplomarbeit von Klippstein (2006) mit Nafion® 115 und im Rahmen der Diplomarbeit von Mächtel (2007) mit Nafion® 117 durchgeführt.

Zur Versuchsdurchführung wurden entsprechend Abschnitt 4.1 vorbehandelte Membranen in die Trägerplatte des „großen" Strömungskanals (siehe Abb. 2.1, oben) eingespannt und mit flüssiger Alkohollösung überschichtet. Nach dem Verschließen und Entlüften der Versuchsapparatur muss für eine ausreichende Durchmischung des Flüssigkeitsreservoirs oberhalb der Membran gesorgt werden (siehe Abschnitt 2.1), andernfalls bilden sich instationäre Konzentrations- und Temperaturgradienten aus, die die Messung beeinflussen. Über ein Nadelventil kann die gewünschte Überströmung der Membran mit konditionierter Luft reguliert werden. Zur Vermeidung von Membranschwankungen ist während der Messung auf ein möglichst ruhiges Versuchsumfeld zu achten.

In den folgenden Abbildungen sind die gemessenen Beladungsprofile als Datenpunkte und die Ergebnisse der Simulationsrechnungen nach Abschnitt 3 als durchgezogene Linien dargestellt. Als Randbedingungen zur Lösung des gekoppelten Differentialgleichungssystems werden an der Membranoberseite die durch Extrapolation bestimmten Phasengrenzbeladungen (vergl. Abschnitt 4.3) verwendet. An der Membranunterseite werden die Lösemittelaktivitäten nach dem Modell von Meyers & Newman (2002) mit den jeweils angepassten Modellparametern berechnet. Der Anisotropieexponent zur Beschreibung der Membranquellung (vergl. Abschnitt 3.3) wird aus den Messdaten für jeden Tiefenscan separat bestimmt und als Grundlage für die zugehörige Simulationsrechnung verwendet. Je nach Messreihe liegen die Werte zwischen 0,33 und 0,5. Die temperaturabhängigen Dichten von Wasser, Methanol und Ethanol wurden der 8. Auflage des VDI-Wärmeatlas entnommen, die Dichte des Polymers und die jeweiligen Trockendicken den Angaben des Herstellers DuPont™. Eine tabellarische Übersicht findet sich im Anhang A 13.

Sofern eine modellhafte Beschreibung der gemessenen Beladungsprofile möglich ist, bleiben als freie Parameter lediglich die Diffusionskoeffizienten von Wasser und Alkohol in der Membran. Diese unbekannten Parameter werden bestimmt, indem die Abweichungen zwischen Messung und Rechnung unter Variation der Diffusionskoeffizienten minimiert werden. Für die Anpassung der berechneten an gemessene Beladungsprofile wird angenommen, dass die Diffusionskoeffizienten <u>keine</u> Abhängigkeit von der Lösemittelbeladung der Membran aufweisen. Diese Annahme <u>konzentrationsunabhängiger</u> Diffusionskoeffizienten scheint zunächst ungewöhnlich, da z. B. bei der Polymerfilmtrocknung gerade die korrekte Beschreibung der starken Konzentrationsabhängigkeit des Diffusionskoeffizienten eine wesentliche Rolle bei der Simulation gemessener Trocknungsverlaufskurven spielt. Aufgrund der besonderen Polymerstruktur von Nafion® (vergl. Abschnitt 1.2) ist es dennoch denkbar, dass eine Konzentrationsabhängigkeit der Diffusionskoeffizienten von Wasser und Alkohol in Nafion®-

zumindest in einem gewissen Zusammensetzungsbereich - vernachlässigbar ist. Einen genaueren Aufschluss geben die Untersuchungen zum Stofftransport von Wasser und Methanol bzw. Ethanol in Nafion® 115 und in Nafion® 117, die insbesondere auch im Hinblick auf die Konzentrationsabhängigkeit der Diffusionskoeffizienten diskutiert werden. Die durch Anpassung der Simulationsrechnungen an die gemessenen Beladungsprofile ermittelten Diffusionskoeffizienten werden anschließend in einem separaten Abschnitt miteinander verglichen.

4.4.1 Permeationsversuche mit Nafion® 115

<u>Einfluss der Alkoholkonzentration</u>

Von besonderem Interesse für die modellhafte Beschreibung der Stofftransportvorgänge in Brennstoffzellenmembranen ist der Einfluss des Alkoholgehalts. Insbesondere stellt sich die Frage, ob eine Simulation mit <u>konzentrationsunabhängigen</u> Diffusionskoeffizienten tatsächlich zur Beschreibung gemessener Beladungsprofile geeignet ist. Für Nafion® 115 wurde der Einfluss des Alkohol-Wasser-Gemisches bei einer Versuchstemperatur von 40°C und einer Überströmungsgeschwindigkeit von 1 m/s untersucht. Um bei möglichst praxisnahen Versuchsbedingungen zu messen, wurde ein typischer Konzentrationsbereich für die Anwendung in Direkt-Alkohol-Brennstoffzellen gewählt. Abb. 4.20 zeigt die gemessenen Beladungsprofile und die zugehörigen Ergebnisse der Simulation.

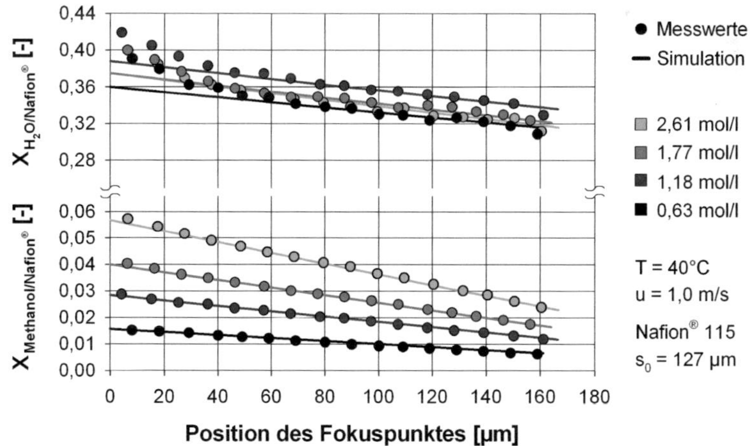

Abb. 4.20: Einfluss der Flüssigkeitszusammensetzung oberhalb der Membran auf die Konzentrationsprofile von Wasser und Methanol in Nafion® 115.

Entsprechend des ternären Phasengleichgewichts nimmt der Methanolgehalt der Membran mit steigender Methanol- Konzentration oberhalb der Membran zu. Die gemessenen Konzentrationsprofile werden dabei deutlich steiler. Die gemessenen Wasserprofile werden durch die Erhöhung der Methanol-Konzentration - zumindest innerhalb der experimentellen Schwankungen - nicht beeinflusst. Sie weisen jedoch einen überproportional steilen Anstieg zur Phasengrenzen hin auf, der auf Basis der für die Simulation verwendeten Modellvorstellungen nicht wiedergegeben werden kann. Wodurch dieser steile Anstieg hervorgerufen wird, konnte im Rahmen dieser Arbeit nicht eindeutig geklärt werden (vergl. Abschnitt 2.2.4). Es wäre möglich, dass Nafion®-Membranen in den Randbereichen eine geringere Vernetzungsdichte aufweisen und dort entsprechend stärker quellen. Da die Abweichungen nur etwa 10 % betragen, wäre der Einfluss auf die Beladungsprofile des Alkohols bei den sehr geringen Alkoholbeladungen kaum zu erkennen. Als Randbedingung für die Modellrechnungen werden an der Membranoberseite (Position des Fokuspunktes = 0) die extrapolierten Werte aus der Phasengleichgewichtsbestimmung (vergl. Abschnitt 4.3) verwendet, daher lassen sich die gemessenen Daten im weiteren Verlauf gut durch das Simulationsmodell mit <u>konzentrationsunabhängigen</u> Diffusionskoeffizienten beschreiben.

Weiterhin fällt auf, dass die gemessenen Profile am unteren Ende der Membran nicht auf Null zurückgehen. Ursache hierfür ist, dass bei den gewählten Versuchsbedingungen sowohl der Stofftransportwiderstand in der Membran als auch der Stofftransportwiderstand in der Gasphase limitierend wirken. Dies ist eine wichtige Erkenntnis für die Interpretation von Pervaporationsexperimenten, bei denen lediglich der Gesamtstoffstrom durch die Membran detektiert wird. Eine Bestimmung von effektiven Transportparametern aus solchen sehr einfachen Versuchen wäre in diesem Fall nicht eindeutig, da die Konzentrationen an der gasseitigen Membranoberfläche unbekannt sind. Die Annahme einer rein membranseitig kontrollierten Permeation (Beladungen an der Membranoberfläche = 0) würde viel zu kleine Diffusionskoeffizienten liefern.

Analog zu den Versuchen mit Methanol wurden die Permeationsversuche für das Stoffsystem Ethanol-Wasser-Nafion® (mit einer neuen Membran) wiederholt. Abb. 4.21 zeigt den Einfluss des Ethanolanteils in der Flüssigphase oberhalb der Membran auf die Konzentrationsprofile von Wasser und Ethanol in Nafion® 115.

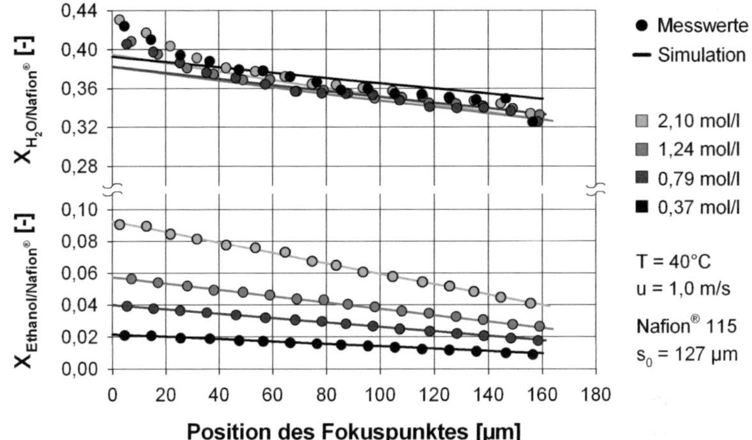

Abb. 4.21: Einfluss der Flüssigkeitszusammensetzung oberhalb der Membran auf die Konzentrationsprofile von Wasser und Ethanol in Nafion® 115.

Wie schon beim System Methanol-Wasser-Nafion® hat die Ethanolkonzentration oberhalb der Membran keinen Einfluss auf die Wasserprofile in der Membran. Die Wassergleichgewichtsbeladungen sind etwas höher als beim vorangegangenen Stoffsystem, was auf eine stärkere Quellung von Nafion® in Ethanol als in Methanol schließen lässt. Wieder sind an der Phasengrenze zwischen Flüssigphase und Membran steile Wasserbeladungsgradienten zu beobachten, die durch die Simulationsrechnungen nicht korrekt wiedergegeben werden können. Im weiteren Verlauf stimmen Messung und Rechnung jedoch gut überein. Die Ethanol-Konzentrationsprofile in Abb. 4.21 weisen einen ähnlichen Verlauf auf, wie die Methanol-Profile zuvor und lassen sich durch die Simulationsrechnungen mit <u>konstantem</u> Diffusionskoeffizienten gut beschreiben.

Abb. 4.22 zeigt die aus den Simulationsrechnungen resultierenden molaren Stoffstromdichten von Wasser und Alkohol. Während der Stoffstrom von Wasser im betrachteten Konzentrationsbereich mit steigender Alkoholkonzentration nur geringfügig abnimmt, nehmen die Stoffstromdichten von Methanol und Ethanol fast linear mit der Alkoholkonzentration zu. Bemerkenswert ist, dass sich die Stoffstromdichten von Methanol und Ethanol bei gleicher Alkoholkonzentration trotz der Unterschiede im Phasengleichgewichtsverhalten, in den Dampfdrücken, in der Molekülgröße und im gasseitigen Stoffübergang kaum unterscheiden.

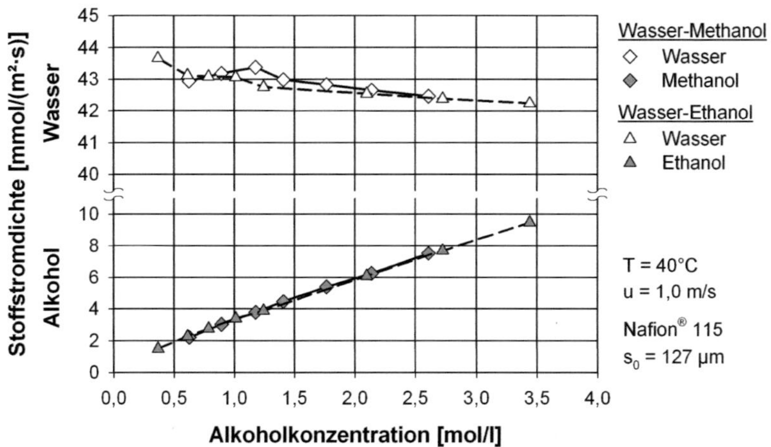

Abb. 4.22: Einfluss der Alkoholkonzentration auf die berechneten Stoffstromdichten von Wasser und Alkohol durch eine Nafion® 115-Membran.

Um die Größenordnung der berechneten Alkoholstoffstromdichten zu verdeutlichen, wird ein exemplarischer Vergleich mit der zur Stromerzeugung in einer DMFC umgesetzten Methanolstoffstromdichte durchgeführt.

In der Dissertation von Schultz (2004) wurde für eine Direkt-Methanol-Brennstoffzelle mit Nafion® N105[8]-Membran bei 45°C am Punkt der maximalen Leistungsdichte (ca. 30 mW/cm²) eine mittlere Stromdichte von 100 mA/cm² gemessen. Die Methanolkonzentration auf der Anodenseite wird mit 1 mol/l angegeben. Aus den Messdaten von Schultz (2004) ergibt sich eine Elektronenstromdichte von:

$$\dot{n}_{e^-} = 100\ \tfrac{mA}{cm^2} = 1000\ \tfrac{A}{m^2} = 1000\ \tfrac{C}{m^2 \cdot s} = 6{,}2415 \cdot 10^{21}\ \tfrac{e^-}{m^2 \cdot s} \tag{4.6}$$

Da pro umgesetztem Methanolmolekül sechs Elektronen frei werden (vergl. Abschnitt 1.1), beträgt die equivalente Methanolstoffstromdichte:

$$\dot{n}_{Methanol,eq.} - \frac{6{,}2415 \cdot 10^{21}\ \tfrac{e^-}{m^2 \cdot s}}{6\ \tfrac{e^-}{Methanol} \cdot 6{,}02214 \cdot 10^{23}\ mol^{-1}} = 1{,}7274\ \tfrac{mmol}{m^2\,s} \tag{4.7}$$

---

[8] Das Membranmaterial Nafion® N105 ist genauso dick wie Nafion® N115, das Equivalentgewicht beträgt jedoch 1000 g/mol SO_3^- im Vergleich zu 1100 g/mol SO_3^-. Die Protonenleitfähigkeit von Nafion® N105 ist demnach höher und auch die Transporteigenschaften können etwas variieren.

Somit liegen die Stoffstromdichten des zur Stromerzeugung umgesetzten Alkohols in der gleichen Größenordnung wie die in dieser Arbeit bestimmten Permeationsstromdichten. In Abb. 4.22 entspricht der Wert aus Gleichung (4.7) der Alkoholstromdichte bei einer Methanolkonzentration von etwas weniger als 0,5 mol/l. Ein direkter Vergleich der Stoffstromdichten ist allerdings kritisch, da die experimentellen Randbedingungen zu unterschiedlich sind, als dass sich hier eine definitive Aussage treffen ließe.

Im folgenden Abschnitt wird der Einfluss der Versuchstemperatur diskutiert.

Einfluss der Versuchstemperatur

Die vorangegangenen Untersuchungen haben gezeigt, dass sich der Einfluss der Alkoholkonzentration auf den Stofftransport von Wasser und Alkohol in Nafion® 115 bei 40°C und einer Überströmungsgeschwindigkeit von 1 m/s sehr gut durch Modellrechnungen mit konzentrationsunabhängigen Diffusionskoeffizienten wiedergeben lässt. Um darüber hinaus die Temperaturabhängigkeit der Permeationsexperimente zu überprüfen, wurden Versuche mit konstantem Methanolgehalt von 2 mol/l bei 20°C, 40°C und 60°C durchgeführt. Als Überströmungsgeschwindigkeit wurde der vorherige Wert von 1 m/s beibehalten. Abb. 4.23 zeigt die gemessenen Beladungsprofile bei Variation der Versuchstemperatur.

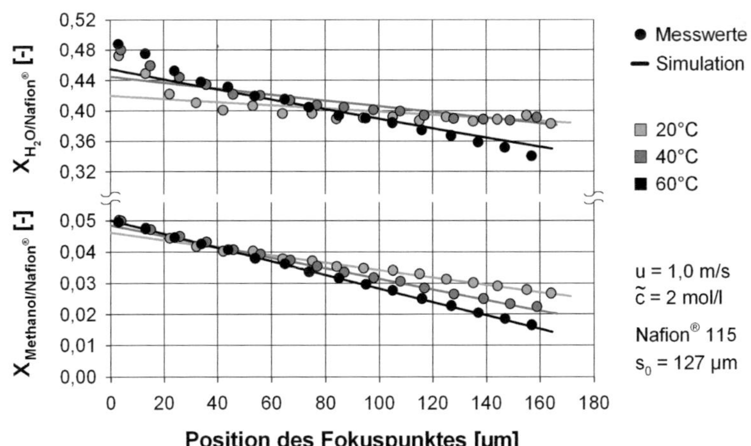

Abb. 4.23: Einfluss der Versuchstemperatur auf die Konzentrationsprofile von Wasser und Methanol in Nafion® 115.

Die gemessenen Beladungsprofile zeigen einen deutlichen Einfluss der Temperatur. Sowohl für Wasser als auch für Methanol werden die Beladungsgradienten mit steigender Temperatur steiler.

Grund für die Zunahme der Permeationsströme mit steigender Temperatur sind die höheren Wasser- und Methanolpartialdrücke an der Phasengrenze zwischen Gasphase und Membran. Der Temperatureinfluss auf die Diffusionskoeffizienten ist geringer als auf die Permeationsraten, daher werden die Beladungsprofile steiler. Abgesehen von dem bereits in den vorangegangenen Experimenten beobachteten Anstieg der Wasserbeladungen an der Membranoberseite, werden die gemessenen Profile sehr gut durch die Ergebnisse der Simulationsrechnungen mit <u>konzentrationsunabhängigen</u> Diffusionskoeffizienten beschrieben. Lediglich bei einer Versuchstemperatur von 60°C sind für Wasser an der Phasengrenze zur Gasphase leichte Abweichungen zwischen gemessenem und berechnetem Beladungsverlauf zu beobachten. Der gemessene Verlauf zeigt bei den sehr hohen Stoffströmen eine leichte Krümmung, die auf eine Konzentrationsabhängigkeit des Diffusionskoeffizienten von Wasser in Nafion® hindeutet.

Abb. 4.24 zeigt den Einfluss der Versuchstemperatur auf die Beladungsprofile von Wasser und Ethanol bei einer Ethanolkonzentration von 1,15 mol/l.

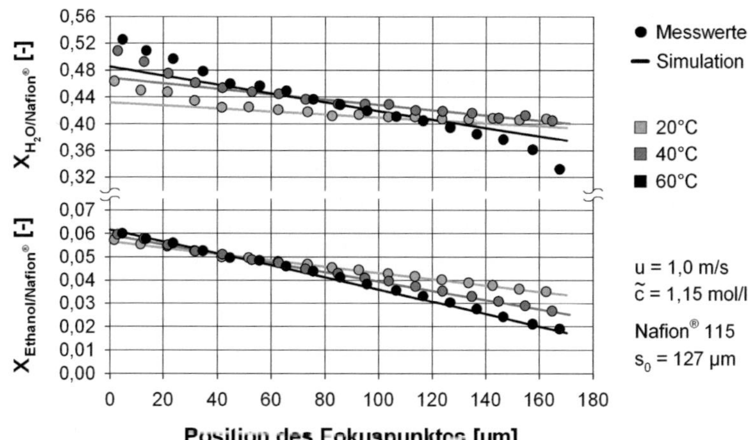

Abb. 4.24: Einfluss der Versuchstemperatur auf die Konzentrationsprofile von Wasser und Ethanol in Nafion® 115.

Wieder ist der Einfluss der Versuchstemperatur auf die gemessenen Beladungsprofile deutlich zu erkennen. Die Beladungsprofile werden wieder mit steigender Temperatur steiler.

Wie in den vorangegangenen Experimenten lassen sich die gemessenen Beladungsprofile durch Modellrechnungen mit <u>konzentrationsunabhängigen</u> Diffusionskoeffizienten beschreiben. Die schon in Abb. 4.23 beobachtete Krümmung des Wasserbeladungsprofils bei 60°C and der Membrangrenze zur Gasphase ist hier allerdings noch etwas stärker ausgeprägt. Die Vermutung einer Konzentrationsabhängigkeit der Diffusionskoeffizienten bei geringerer Lösemittelbeladung wird dadurch verstärkt.

Abb. 4.25 zeigt die aus den Simulationsrechnungen ermittelten Stoffstromdichten von Wasser und Alkohol als Funktion der Versuchstemperatur. Zusätzlich zu den Ergebnissen aus den Simulationsrechnungen in Abb. 4.23 und Abb. 4.24 sind berechnete Stoffstromdichten bei 30°C und 50°C eingetragen[9].

Es ist ersichtlich, dass die Stoffstromdichten von Wasser und Alkohol mit steigender Versuchstemperatur deutlich zunehmen. In einfach logarithmischer Darstellung erfolgt die Zunahme in etwa linear, was auf eine exponentielle Abhängigkeit der Stoffstromdichten im betrachteten Temperaturbereich schließen lässt.

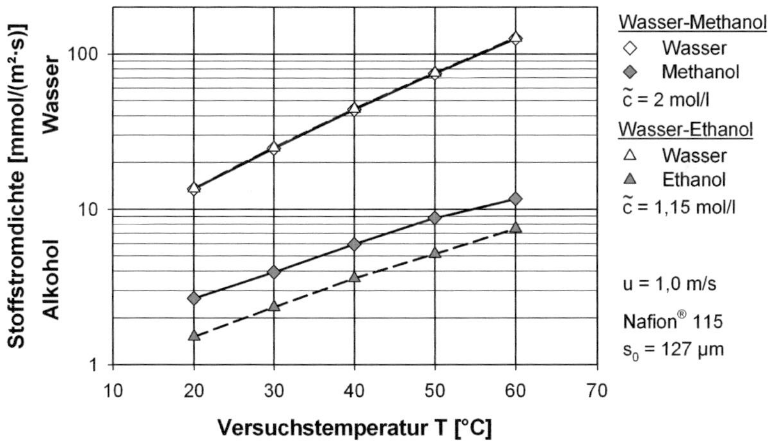

Abb. 4.25: Einfluss der Versuchstemperatur auf die berechneten Stoffstromdichten von Wasser und Alkohol durch eine Nafion® 115-Membran (logarithmische Darstellung).

Für den Permeationsstrom von Wasser macht es unter den gegebenen Randbedingungen offenbar keinen Unterschied, welcher Alkohol verwendet

---

[9] Zur besseren Übersicht wurde auf eine Darstellung der Beladungsprofile von Wasser und Alkohol bei 30°C und 50°C in Abb. 4.23 und Abb. 4.24 verzichtet.

wird; die berechneten Stoffstromdichten liegen aufeinander. Die Stoffstromdichten von Ethanol sind kleiner als die von Methanol, was auf die geringere Alkoholkonzentration von 1,15 mol/l im Vergleich zu 2,0 mol/l zurückzuführen ist (vergl. auch Abb. 4.22). Die Zunahme der Stoffstromdichten beider Alkohole als Funktion der Temperatur verläuft annähernd parallel.

Nachdem die vorangegangenen Abschnitte gezeigt haben, dass der Einfluss der Alkoholkonzentration und der Versuchstemperatur auf die Beladungsprofile von Wasser und Alkohol bei der Pervaporation durch Nafion® 115-Membranen mit Hilfe des in Kapitel 3 vorgestellten Simulationsmodells unter Verwendung <u>konzentrationsunabhängiger</u> Diffusionskoeffizienten gut beschrieben werden kann, wird im folgenden Abschnitt der Einfluss der Membranüberströmung diskutiert.

<u>Einfluss der Überströmungsgeschwindigkeit</u>

Um die Gültigkeit der verwendeten Korrelationen zur Beschreibung des gasseitigen Stoffübergangs zu überprüfen, wurde bei konstanter Versuchstemperatur von 40°C die Geschwindigkeit der Membranüberströmung zwischen 0,5 m/s und 4 m/s variiert. Die Methanolkonzentration im Flüssigkeitsreservoir oberhalb der Membran wurde auf 2 mol/l eingestellt. Abb. 4.26 zeigt die Ergebnisse der Überströmungsversuche für das Stoffsystem Methanol-Wasser-Nafion®.

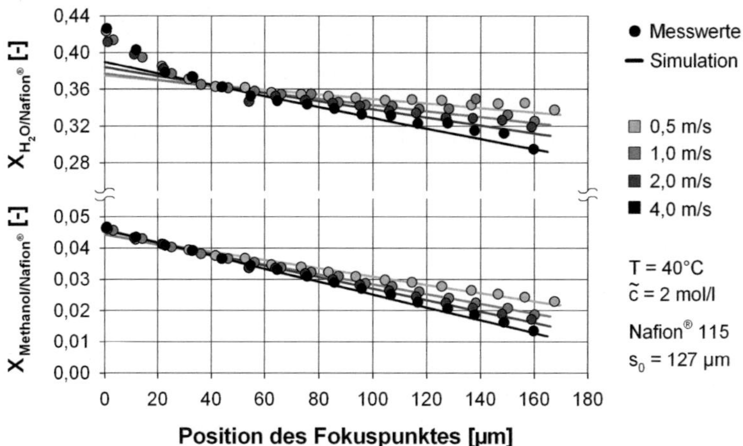

Abb. 4.26: Einfluss der Überströmungsgeschwindigkeit auf die Konzentrationsprofile von Wasser und Methanol in Nafion® 115.

Die gemessenen Beladungsprofile zeigen eine deutliche Abhängigkeit von der Überströmungsgeschwindigkeit. Mit steigender Überströmungsgeschwindigkeit wird der gasseitige Stoffübergangswiderstand reduziert, und die Permeationsraten von Wasser und Alkohol nehmen zu. Bei gleich bleibendem Diffusionskoeffizienten werden die Beladungsprofile entsprechend steiler.

Abgesehen von dem in allen Versuchen beobachteten Anstieg der Wasserbeladung an der Flüssigphasengrenze werden die gemessenen Beladungsprofile gut durch Simulationsrechnungen mit <u>konzentrationsunabhängigen</u> Diffusionskoeffizienten beschrieben. Die Abhängigkeit des gasseitigen Stoffübergangskoeffizienten von der Wurzel der Überströmungsgeschwindigkeit (vergl. Abschnitt 3.1) wird demnach bestätigt.

Abb. 4.27 zeigt den Einfluss der Überströmungsgeschwindigkeit auf die Beladungsprofile von Wasser und Ethanol bei 40°C. Die Ethanolkonzentration im Flüssigkeitsreservoir oberhalb der Membran wurde auf 1,25 mol/l eingestellt.

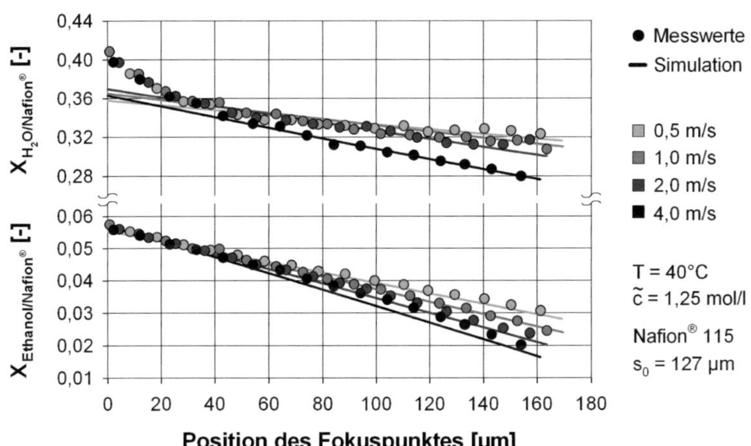

Abb. 4.27: Einfluss der Überströmungsgeschwindigkeit auf die Konzentrationsprofile von Wasser und Ethanol in Nafion® 115.

Wieder ist ein deutlicher Einfluss der Überströmungsgeschwindigkeit erkennbar. Die Beladungsprofile von Wasser und Ethanol werden auch hier mit steigender Überströmung steiler. Während der Überströmungseinfluss auf die Wasserbeladungen durch die Simulationsrechnungen gut wiedergegeben wird, weichen die Simulationsrechnungen für Ethanol etwas von den Messwerten ab. Grund hierfür könnte eine unzureichend genaue Beschreibung des ternären Phasengleichgewichts sein.

Abb. 4.28 zeigt die aus den Simulationsrechnungen resultierenden Stoffstromdichten von Wasser und Alkohol als Funktion der Membranüberströmung. Aufgrund des abnehmenden Stoffübergangswiderstands in der Gasphase nehmen die Stoffstromdichten mit steigender Membranüberströmung zu. Die lineare Zunahme bei doppelt logarithmischer Auftragung zeigt eine Potenzabhängigkeit. Für den Fall der rein gasseitig limitierten Pervaporation müssten sich entsprechend Gleichung (3.4) aufgrund der Abhängigkeit des gasseitigen Stoffübergangskoeffizienten von der Wurzel der Überströmungsgeschwindigkeit Steigungen von 0,50 ergeben. Je kleinere Werte die aus den Simulationsrechnungen bestimmten Steigungen annehmen, desto stärker wird der Pervaporationsprozess durch den Diffusionswiderstand der Membran und das ternäre Phasengleichgewichtsverhalten limitiert. Als Grenzfall der rein membranseitig kontrollierten Permeation wäre kein Einfluss der Überströmungsgeschwindigkeit zu beobachten und die Steigungen würden zu Null.

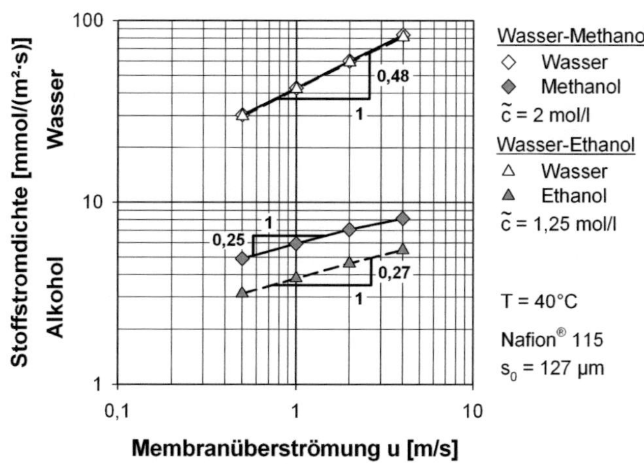

Abb. 4.28: Einfluss der Membranüberströmung auf die berechneten Stoffstromdichten von Wasser und Alkohol durch eine Nafion® 115-Membran (doppelt log. Darstellung).

Die für Wasser bestimmte Steigung von 0,48 liegt nur geringfügig unter dem Grenzwert von 0,50; somit wird die Pervaporation von Wasser durch die Membran bei den gewählten Versuchsbedingungen im Wesentlichen durch den Stofftransportwiderstand in der Gasphase limitiert. Dabei wird der Permeationsstrom, wie bei den Untersuchungen zum Einfluss der Versuchstemperatur (vergl. Abb. 4.25), nicht durch die Wahl des Alkohols beeinflusst. Die Zunahme der Stoffstromdichten von Methanol und Ethanol erfolgt im betrachteten Bereich annähernd parallel, wobei die Stoffstromdichten von Ethanol aufgrund der geringeren Alkoholkonzentration insgesamt niedriger sind. Die Steigungen liegen mit 0,25 und 0,27 zwischen den beiden Grenzfällen (s. o.). Demnach wird die Pervaporation der Alkohole sowohl durch den Stofftransportwiderstand in der Gasphase als auch durch den Diffusionswiderstand der Membran und das ternäre Phasengleichgewicht limitiert.

Die vorgestellten Untersuchungsergebnisse zeigen, dass sich die Pervaporation von Wasser und Alkohol durch Nafion® 115-Membranen unter den gegebenen Versuchsbedingungen durch das in Kapitel 3 diskutierte Simulationsmodell beschreiben lässt, sofern ausreichende Informationen über das Phasengleichgewichtsverhalten und die Transportparameter vorliegen. Insbesondere zeigt der Vergleich von gemessenen und berechneten Beladungsprofilen, dass in einem weiten Bereich experimenteller Randbedingungen die Verwendung konzentrationsunabhängiger Diffusionskoeffizienten ausreichend ist.

Um zu überprüfen, ob sich eine Konzentrationsabhängigkeit der Diffusionskoeffizienten bei geringeren Gesamtbeladungen der Membran mit Wasser und Alkohol zeigt, müssen weitere Untersuchungen durchgeführt werden. Dafür ist es von Vorteil, dickere Membranen zu verwenden, da hier bei gleichem Gradienten größere Beladungsdifferenzen über die Membran zu erwarten sind. Bei gegebener Gleichgewichtsfeuchte im Kontakt mit flüssigen Alkohollösungen wären die Beladungen an der Luftseite der Membran entsprechend niedriger. Als Membranmaterial bietet sich das kommerziell häufig verwendete Nafion® 117 an. Mit einer Trockendicke von etwa 183 µm ist dieses Material etwa 44 % dicker als Nafion® 115 (Trockendicke 127 µm).

Im folgenden Abschnitt werden die Ergebnisse der experimentellen Untersuchungen mit Nafion® 117 diskutiert.

4.4.2 *Permeationsversuche mit Nafion® 117*

Auch für die dickeren Membranen aus Nafion® 117 wurden die Einflüsse von Alkoholkonzentration, Temperatur und Membranüberströmung auf die Beladungsprofile von Wasser und Alkohol überprüft. Im Gegensatz zu den Untersuchungen mit Nafion® 115 sind mit dem verwendeten Versuchsaufbau keine Messungen bei 60°C möglich. Aufgrund der starken Beladungsgradienten trocknet die Membranoberfläche bei dieser Temperatur zu stark aus, und es kommt zu einer Beschädigung der Membran, so dass sich keine Raman-Messungen mehr durchführen lassen.

Einfluss der Alkoholkonzentration

Der Einfluss der Methanolkonzentration wurde bei einer Versuchstemperatur von 20°C und einer Membranüberströmung von 1,0 m/s untersucht. Der Alkoholanteil im Flüssigkeitsreservoir oberhalb der Membran (vergl. Abb. 2.1) wurde schrittweise von 0,53 mol/l auf 2,35 mol/l erhöht.

Wie in den vorangegangenen Versuchen mit Nafion® 115 nimmt die Methanolbeladung an der Phasengrenze zur Flüssigkeit entsprechend des ternären Phasengleichgewichts mit steigender Alkoholkonzentration zu; die Beladungsprofile von Methanol werden steiler. Die Beladungsprofile von Wasser bleiben im betrachteten Konzentrationsbereich unbeeinflusst. Die Gleichgewichtsbeladungen von Wasser und Methanol liegen trotz einheitlicher Vorbehandlung (siehe Abschnitt 4.1) insgesamt deutlich niedriger als für Nafion® 115 (siehe auch Abb. 4.12). Obwohl das Membranmaterial deutlich dicker ist, trocknet die Luftseite der Membran bei diesen Versuchsbedingungen nicht aus, und der Stofftransport wird sowohl durch den Transportwiderstand in der Membran als auch durch den Widerstand in der Gasphase limitiert.

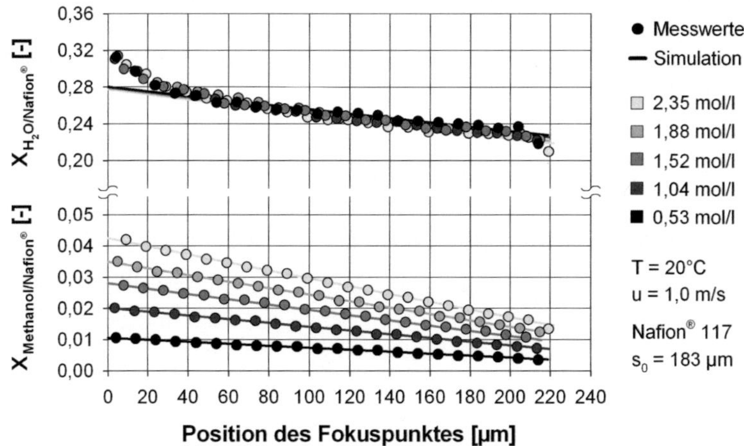

Abb. 4.29: Einfluss der Flüssigkeitszusammensetzung oberhalb der Membran auf die Konzentrationsprofile von Wasser und Methanol in Nafion® 117.

Abgesehen von dem bereits für Nafion® 115 beobachteten steilen Anstieg der Wasserbeladung an der Membranoberseite lassen sich die Messdaten auch in Nafion® 117 durch Simulationsrechnungen mit konzentrationsunabhängigen Diffusionskoeffizienten beschreiben.

Abb. 4.30 zeigt den Einfluss der Alkoholkonzentration auf die Beladungsprofile von Wasser und Ethanol in Nafion® 117.

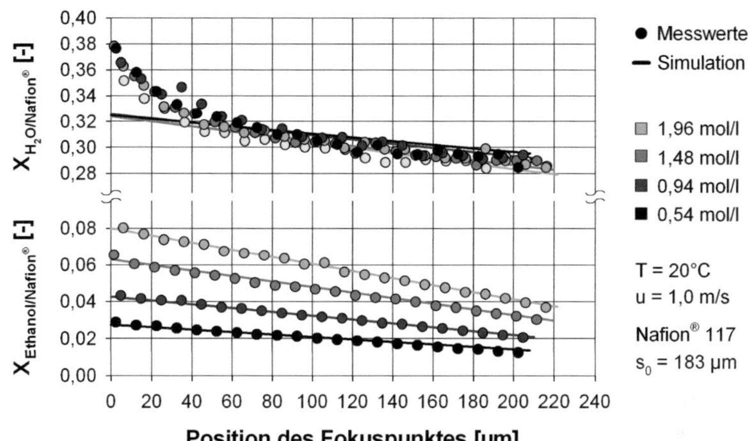

Abb. 4.30: Einfluss der Flüssigkeitszusammensetzung oberhalb der Membran auf die Konzentrationsprofile von Wasser und Ethanol in Nafion® 117.

Auch hier hat die Alkoholkonzentration im für Direkt-Alkohol-Brennstoffzellen interessierenden Konzentrationsbereich keinen Einfluss auf die gemessenen Wasserbeladungsprofile. Wie schon bei den Untersuchungen mit Nafion® 115 liegen die Wasserbeladungen etwas höher als bei den Messungen mit Methanol (vergl. Abb. 4.29), was auf die stärkere Quellung von Nafion® in Ethanol im Vergleich zu Methanol zurückzuführen ist. Möglicherweise resultieren daraus auch die noch steileren Beladungsgradienten an der Membranoberseite, die auf eine lokal geringere Vernetzungsdichte durch die starke Quellung in Ethanol hindeuten könnten.

Auch in diesem Fall lassen sich die gemessenen Wasserbeladungen im weiteren Verlauf durch Simulationsrechnungen mit <u>konzentrationsunabhängigen</u> Diffusionskoeffizienten beschreiben. Für den Alkohol stimmen Messung und Rechnung über die gesamte Membrandicke gut überein.

Abb. 4.31 zeigt die aus den Simulationsrechnungen resultierenden Stoffstromdichten von Wasser und Methanol bzw. Ethanol in Abhängigkeit von der Alkoholkonzentration.

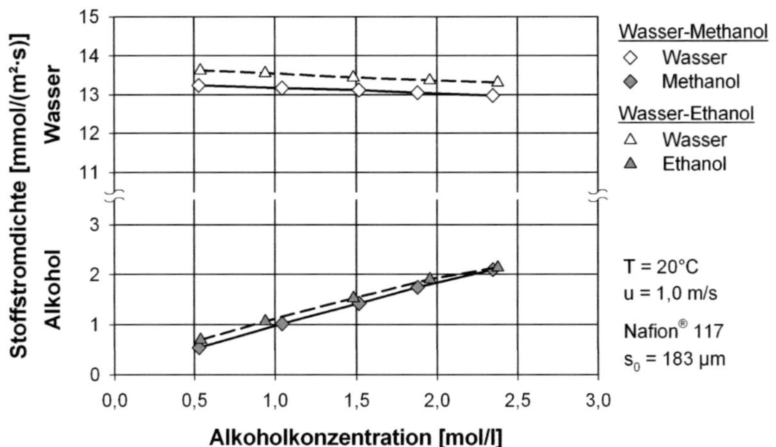

Abb. 4.31: Einfluss der Alkoholkonzentration auf die berechneten Stoffstromdichten von Wasser und Alkohol durch eine Nafion® 117-Membran.

Während die Stoffstromdichten von Wasser sich kaum verändern, nehmen die Stoffstromdichten von Methanol und Ethanol fast linear mit der Alkohol-konzentration zu. Die Stoffstromdichten von Wasser liegen für die Experimente mit Ethanol etwas über denen mit Methanol, was auf höhere Transportkoeffizienten infolge der stärkeren Membranquellung zurückzuführen ist. Wie schon bei den Untersuchungen mit Nafion® 115 unterscheiden sich die Stoffstromdichten von Methanol und Ethanol bei den gewählten Versuchsbedingungen kaum.

Im folgenden Abschnitt wird der Einfluss der Versuchstemperatur und der Membranüberströmung auf die Beladungsprofile von Wasser und Alkohol diskutiert.

Einfluss von Temperatur und Überströmungsgeschwindigkeit

Um den Einfluss von Temperatur und Überströmungsgeschwindigkeit zu untersuchen, wurde bei einer gegenüber den vorangegangenen Versuchen erhöhten Versuchstemperatur von 40°C die Membranüberströmung zwischen 0,5 m/s und 4,0 m/s variiert. Die Alkoholkonzentration wurde sowohl für die Versuche mit Methanol als auch für die Versuche mit Ethanol auf 1 mol/l eingestellt. Abb. 4.32 zeigt den Vergleich der gemessenen Beladungsprofile mit den Ergebnissen von Simulationsrechnungen für die Pervaporation von Wasser und Methanol durch Nafion® 117.

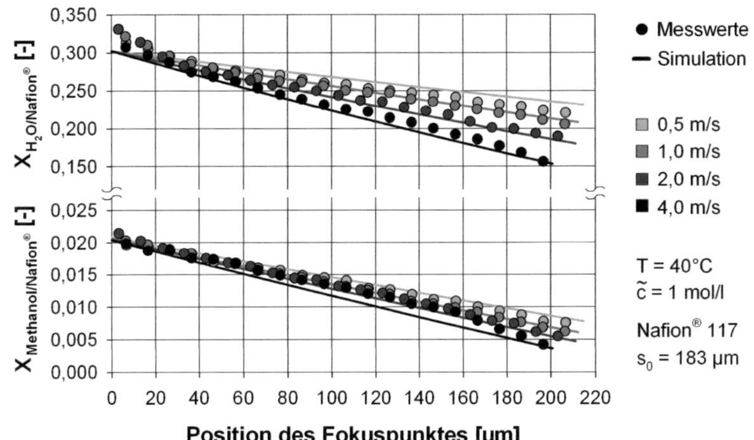

Abb. 4.32: Einfluss von Temperatur und Überströmungsgeschwindigkeit auf die Konzentrationsprofile von Wasser und Methanol in Nafion® 117.

Vergleicht man die Beladungsgradienten von Wasser und Methanol bei 40°C in Abb. 4.32 mit denen bei 20°C in Abb. 4.29 bei gleicher Überströmungsgeschwindigkeit und einer Konzentration von 1 mol/l, so ist die Temperaturabhängigkeit gut erkennbar. Die Konzentrationsgradienten von Wasser und Methanol sind in Abb. 4.32 bei 40°C stärker ausgeprägt als die vergleichbaren Gradienten bei 20°C in Abb. 4.29. Die Temperaturabhängigkeit der Stoffstromdichten aufgrund der bei 40°C höheren Lösemitteldampfdrücke ist demnach größer als die Temperaturabhängigkeit der Diffusionskoeffizienten. Der Einfluss der Überströmungsgeschwindigkeit ist ebenfalls deutlich zu erkennen: Mit steigender Membranüberströmung nehmen die Stoffströme aufgrund des geringeren gasseitigen Stoffübergangswiderstands zu, folglich werden die gemessenen Beladungsgradienten bei gleich bleibendem Diffusionskoeffizienten steiler.

Auffällig ist, dass die gemessenen Beladungsprofile von Methanol bei Überströmungsgeschwindigkeiten größer als 1 m/s eine Krümmung aufweisen, die in den bisherigen Messungen nicht zu beobachten war. Es ist anzunehmen, dass sich hier die erwartete Konzentrationsabhängigkeit des Methanoldiffusionskoeffizienten bei geringen Gesamtlösemittelbeladungen der Membran zeigt. Obwohl die Gesamtlösemittelbeladungen im Vergleich zu den Versuchen mit Nafion® 115 deutlich geringer sind (vergl. Abb. 4.26), scheint die Lösemittelbeladung für Wasser immer noch hinreichend hoch zu sein, so dass hier kaum eine Krümmung der gemessenen Beladungsprofile zu beobachten ist, lediglich bei einer Überströmung von 4 m/s sind erste Anzeichen zu erkennen. Entsprechend werden die gemessenen Wasserbeladungen gut durch die Simulationsrechnungen mit <u>konzentrationsunabhängigen</u> Diffusionskoeffizienten wiedergegeben; die geringen Abweichungen zwischen Messung und Rechnung bei Überströmungsgeschwindigkeiten von 0,5 m/s und 4 m/s liegen im Bereich der Messgenauigkeit. Für Methanol ergeben sich bei Membranüberströmungen größer als 1 m/s systematische Abweichungen zwischen den Messdaten und den Ergebnissen der Simulation. Die beobachtete Krümmung der gemessenen Beladungsprofile kann durch die Modellrechnungen mit konzentrationsunabhängigen Diffusionskoeffizienten <u>nicht</u> hinreichend genau beschrieben werden.

Zum Vergleich wurde auch für das Stoffsystem Wasser-Ethanol der Einfluss der Versuchstemperatur und der Überströmungsgeschwindigkeit auf die Beladungsprofile bei der Pervaporation durch einen Nafion® 117-Membran untersucht (Abb. 4.33). Gegenüber Abb. 4.30 ist der Einfluss der Versuchstemperatur wieder deutlich erkennbar. Die gemessenen Beladungsprofile von Wasser und Ethanol sind bei gleicher Membranüberströmung und Alkoholkonzentration bei 40°C in Abb. 4.33 steiler als in Abb. 4.30 bei 20°C. Mit steigender Überströmungsgeschwindigkeit nehmen die Pervaporationsraten durch die Membran zu und die Beladungsgradienten werden ausgeprägter. Die bereits für Methanol beobachtete Krümmung der Beladungsprofile bei hohen Überströmungsgeschwindigkeiten ist für Ethanol bereits bei geringeren Membranüberströmungen sichtbar. Es ist anzunehmen, dass dies auf kleinere Diffusionskoeffizienten bei niedrigen Gesamtlösemittelbeladungen der Membran zurückzuführen ist.

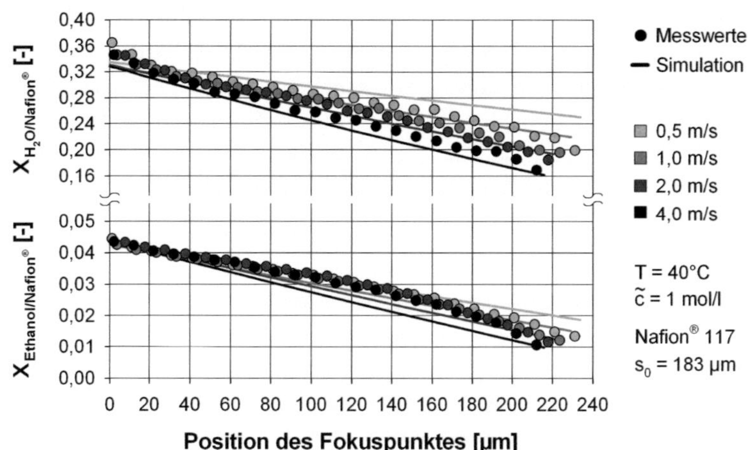

Abb. 4.33: Einfluss von Temperatur und Überströmungsgeschwindigkeit auf die Konzentrationsprofile von Wasser und Ethanol in Nafion® 117.

Der Vergleich der Messdaten mit den Ergebnissen der Simulation zeigt, dass der Einfluss der Überströmungsgeschwindigkeit auf die gemessenen Beladungsprofile durch die Modellrechnungen mit <u>konzentrationsunabhängigen</u> Diffusionskoeffizienten für Wasser prinzipiell richtig wiedergegeben wird. Die Abweichungen zwischen Messung und Rechnung bei 0,5 m/s und 4,0 m/s sind jedoch stärker ausgeprägt als bei den Messungen mit Methanol. Grund hierfür könnte eine ungenaue Beschreibung des ternären Phasengleichgewichtes sein.

Für Ethanol sind wieder systematische Abweichungen zu beobachten. Die experimentell beobachtete Krümmung der Ethanolbeladungsprofile kann durch Simulationsrechnungen mit konzentrationsunabhängigen Diffusionskoeffizienten <u>nicht</u> wiedergegeben werden.

Abb. 4.34 zeigt den Einfluss der Membranüberströmung auf die berechneten Stoffstromdichten von Wasser und Alkohol aus den Modellrechnungen zu den Permeationsexperimenten in Abb. 4.32 und Abb. 4.33. Sowohl die Wasserstoffstromdichten als auch die Alkoholstoffstromdichten nehmen mit steigender Überströmungsgeschwindigkeit zu. Bei den gegebenen Randbedingungen sind für Wasser praktisch keine und für den Alkohol nur geringe Unterschiede zwischen den Stoffstromdichten bei der Verwendung von Methanol oder Ethanol zu beobachten.

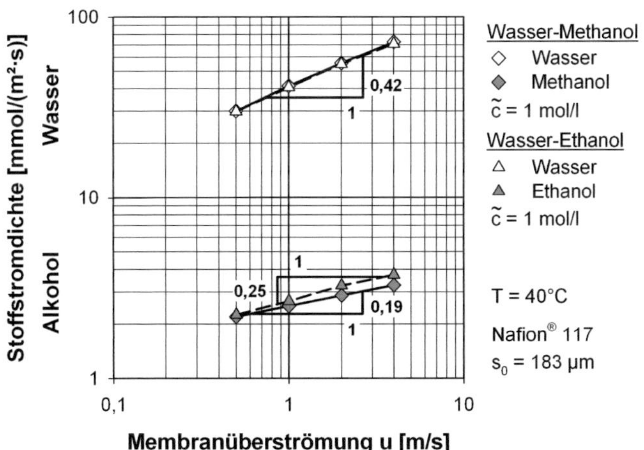

Abb. 4.34: Einfluss der Membranüberströmung auf die berechneten Stoffstromdichten von Wasser und Alkohol durch eine Nafion® 117-Membran (doppelt log. Darstellung).

In doppelt logarithmischer Darstellung nehmen die Stoffströme linear mit der Membranüberströmung zu. Wie schon für Nafion® 115 (vergl. Abb. 4.28) lässt sich daraus ableiten, dass die Zunahme einem Potenzgesetz folgt. Für Wasser ist die Steigung mit 0,42 geringer als bei den Versuchen mit Nafion® 115 (Steigung = 0,48), was auf eine stärkere Limitierung der Pervaporation durch den Stofftransportwiderstand in der Membran schließen lässt. Da der Wert aber immer noch in der Nähe des Grenzfalls rein gasseitig kontrollierter Pervaporation (Steigung = 0,50, siehe hierzu Abschnitt 4.4.1) liegt, wird auch für die dickeren Nafion$^{\circledR}$ 117-Membranen die Wasserpermeation bei den gewählten Versuchsbedingungen im Wesentlichen durch den Stofftransportwiderstand in der Gasphase limitiert. Für die Alkohole wurden Steigungen von 0,19 und 0,25 bestimmt, diese Werte sind geringer als die entsprechenden Werte für Nafion$^{\circledR}$ 115 (vergl. Abb. 4.28), was auf die stärkere Limitierung der Alkoholpervaporation durch den Diffusionswiderstand der dickeren Membran und das ternäre Phasengleichgewicht schließen lässt.

Nachdem in den vorangegangenen Abschnitten die Ergebnisse der Permeationsexperimente diskutiert wurden, werden im folgenden Abschnitt die Diffusionskoeffizienten, die durch Anpassung der Simulationsrechnungen an die Messdaten ermittelt wurden, miteinander verglichen. Diese Transportparameter sind eine wichtig Grundlage für die modellhafte Beschreibung der Stofftransportvorgänge in Brennstoffzellenmembranen.

4.4.3 Übersicht über die verwendeten Diffusionskoeffizienten

In den vorangegangenen Abschnitten 4.4.1 und 4.4.2 wurden die Messergebnisse der Untersuchungen zur Pervaporation von Wasser und Alkohol durch verschieden dicke Nafion$^{\circledR}$-Membranen mit den Ergebnissen von Simulationsrechnungen verglichen. Bei bekanntem Phasengleichgewicht und gasseitigem Stoffübergang genügen als freie Parameter zur Anpassung der entsprechend Abschnitt 3 durchgeführten Modellrechnungen an die Messdaten die Diffusionskoeffizienten von Wasser und Methanol bzw. Ethanol in der Membran. Wie bereits mehrfach erläutert, werden die Diffusionskoeffizienten dabei als <u>konzentrationsunabhängig</u> betrachtet. Der Vergleich der Modellrechnungen mit den verschiedenen Messdaten zeigt, dass diese Annahme für die meisten experimentellen Randbedingungen in der vorliegenden Arbeit gerechtfertigt ist; lediglich für die Alkoholprofile in den dicken Nafion$^{\circledR}$ 117-Membranen zeigen sich bei hohen Permeationsraten systematische Abweichungen, die eine Konzentrationsabhängigkeit der Diffusionskoeffizienten bei geringen Gesamtlösemittelbeladungen des Polymers vermuten lassen. Eine nähere Betrachtung folgt in Abschnitt 4.5.

Um die durch Anpassung bestimmten Diffusionskoeffizienten über den gesamten untersuchten Temperaturbereich durch eine einheitliche Korrelation zu beschreiben, wird die Temperaturabhängigkeit durch einen Arrhenius-Ansatz berücksichtigt. Die Diffusionskoeffizienten lassen sich demnach in folgender Form schreiben:

$$D_{ii}^{V}(T) = D_{ii}^{V}(T_{Bezug}) \cdot exp\left[-\frac{E_{A,i}}{\widetilde{R}} \cdot \left(\frac{1}{T} - \frac{1}{T_{Bezug}} \right) \right] \tag{4.8}$$

mit: T = Versuchstemperatur (in der Exponentialfunktion in Kelvin)

  T_{Bezug} = Bezugstemperatur (in der Exponentialfunktion in Kelvin)

  $D_{ii}^{V}(T_{Bezug})$ = Hauptdiffusionskoeffizient bei Bezugstemperatur

  $E_{A,i}$ = Aktivierungsenergie der Komponente i

  $\widetilde{R}$ = allgemeine Gaskonstante

Abb. 4.35 zeigt die angepassten Diffusionskoeffizienten zur modellhaften Beschreibung der Permeation von Wasser und Alkohol durch Nafion[®] 115.

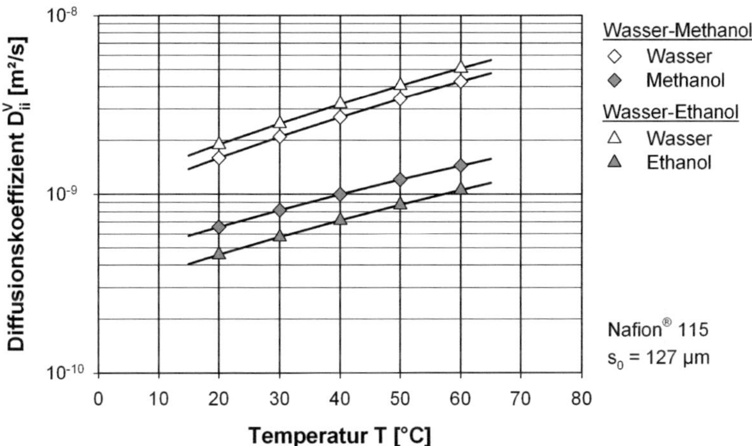

Abb. 4.35: Diffusionskoeffizienten von Wasser und Alkohol in Nafion[®] 115. Die Symbole entsprechen den Temperaturen, bei denen eine Anpassung der Diffusionskoeffizienten vorgenommen wurde, die durchgezogenen Linien den berechneten Diffusionskoeffizienten nach Gl. (4.8) mit den Parametern aus Abb. A 14.1 im Anhang A 14.

Für die Membranen aus Nafion[®] 115 wurden die Diffusionskoeffizienten $D_{ii}^{V}(T_{Bezug})$ aus Gleichung (4.8) zunächst bei einer Bezugstemperatur von 40°C aus Konzentrationsversuchen (siehe Abb. 4.20 für Methanol-Wasser-Nafion[®] und Abb. 4.21 für Ethanol-Wasser-Nafion[®]) bestimmt. Dazu wurden die einzelnen Diffusionskoeffizienten so lange variiert, bis die mittlere Abweichung zwischen gemessenen und berechneten Beladungsprofilen ihren Minimalwert erreicht hatte. Anschließend wurden die Aktivierungsenergien in Gleichung (4.8) auf die gleiche Weise aus Temperaturversuchen (siehe Abb. 4.23 und Abb. 4.24) ermittelt. Anhand von Überströmungsversuchen wurden die Diffusionskoeffizienten <u>ohne</u> weitere Anpassung bei abweichenden Versuchsbedingungen veri-fiziert (siehe Abb. 4.26 und Abb. 4.27). Eine Übersicht über die angepassten Pa-rameter findet sich in Abb. A 14.1 im Anhang A 14

Sowohl die Diffusionskoeffizienten von Methanol und Ethanol als auch der Diffusionskoeffizient von Wasser nehmen zwischen 20°C und 60°C mit steigender Temperatur zu. Die Abhängigkeit der Diffusionskoeffizienten von der Temperatur ist für alle drei Lösemittel ähnlich (siehe Aktivierungsenergien in Abb. A 14.1), die Kurven verlaufen daher annähernd parallel.

Im gesamten Temperaturbereich sind die Diffusionskoeffizienten von Wasser deutlich größer als die Diffusionskoeffizienten der Alkohole, was auf die geringere Molekülgröße zurückzuführen ist. Die Diffusionskoeffizienten von Methanol sind etwas größer als die Diffusionskoeffizienten von Ethanol, auch hier liegt die Ursache in der unterschiedlichen Molekülgröße. Weiterhin zeigt sich in Abb. 4.35 eine Beeinflussung des Wasserdiffusionskoeffizienten durch die Wahl des verwendeten Alkohols; mit Ethanol sind die Wasserdiffusionsko-effizienten etwas größer als mit Methanol. Es ist anzunehmen, dass die Zunah-me des Wasserdiffusionskoeffizienten auf die stärkere Quellung des Polymers in Lösungen mit Ethanol im Vergleich zu Lösungen mit Methanol zurückzuführen ist (vergl. Abb. 4.12 und Abb. 4.16). Durch die stärkere Quellung nimmt das freie Polymervolumen zu und der Transportwiderstand ab.

Bemerkenswert ist in Abb. 4.35 die Größenordnung der angepassten Dif-fusionskoeffizienten. Bei 40°C liegen die Wasserdiffusionskoeffizienten mit Werten von $2{,}7 \cdot 10^{-9}$ m²/s und $3{,}2 \cdot 10^{-9}$ m²/s nur geringfügig unter dem Selbstdif-fusionskoeffizienten von Wasser in Wasser ($3{,}25 \cdot 10^{-9}$ m²/s, siehe z. B. Mills, 1973). Die untersuchten Membranen zeigen somit kaum einen Diffusionswider-stand, was sich negativ auf unerwünschte Crossover-Ströme (vergl. Abschnitt 1.1) auswirkt. Der Grund für die ungewöhnlichen Transporteigenschaften liegt wahrscheinlich in der besonderen Mikrostruktur des Nafion® mit ihren langen, parallelen, ansonsten zufällig gepackten Transportkanälen mit Durchmessern von mehreren Nanometern (vergl. Abschnitt 1.2). Diese Struktur ermöglicht of-fensichtlich eine durch das Polymer annähernd unbeeinflusste Permeation von Wasser und Alkohol.

Abb. 4.36 zeigt die angepassten Diffusionskoeffizienten von Wasser und Alkohol in Nafion® 117.

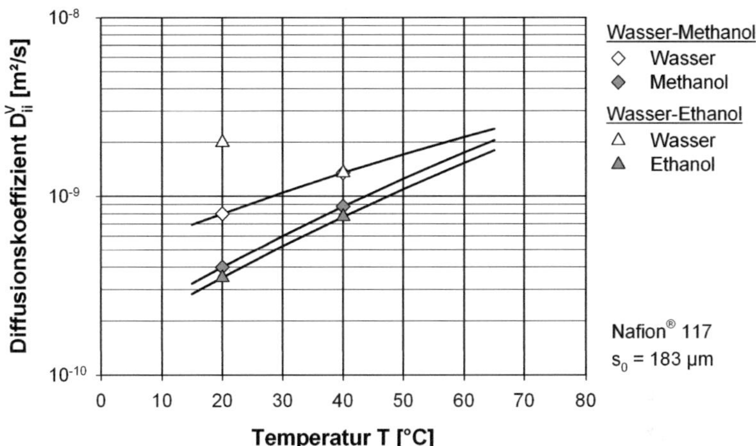

Abb. 4.36: Diffusionskoeffizienten von Wasser und Alkohol in Nafion® 117. Die Symbole entsprechen den Temperaturen, bei denen eine Anpassung der Diffusionskoeffizienten vorgenommen wurde, die durchgezogenen Linien den berechneten Diffusionskoeffizienten nach Gl. (4.8) mit den Parametern aus Abb. A 14.1 im Anhang A 14.

Die Anpassung der komponentenspezifischen Diffusionskoeffizienten $D_{ii}^{V}(T_{Bezug})$ aus Gleichung (4.8) wurde zunächst bei einer Bezugstemperatur von 20°C mit Hilfe von Konzentrationsversuchen (siehe hierzu Abb. 4.29 für Methanol-Wasser-Nafion® und Abb. 4.30 für Ethanol-Wasser-Nafion®) durchgeführt. Anschließend wurden die Aktivierungsenergien in Gleichung (4.8) durch Anpassung an Überströmungsversuche bei einer erhöhten Versuchstemperatur von 40°C ermittelt (siehe Abb. 4.32 und Abb. 4.33). Eine Übersicht über die angepassten Parameter zur Berechnung der Diffusionskoeffizienten findet sich in Abb. A 14.1 im Anhang A 14.

Wieder nehmen die Diffusionskoeffizienten kontinuierlich mit der Temperatur zu, und die Diffusionskoeffizienten von Wasser sind deutlich größer als die entsprechenden Transportparameter der Alkohole bei gleicher Temperatur. Anders als für das untersuchte Nafion® 115 ist eine unterschiedliche Temperaturabhängigkeit des Wasser- und der Alkoholdiffusionskoeffizienten zu beobachten. Mit zunehmender Temperatur steigen die Diffusionskoeffizienten von Methanol und Ethanol stärker an, als der Diffusionskoeffizient von Wasser.

Der Diffusionskoeffizient von Ethanol ist auch in den untersuchten Nafion® 117-Proben kleiner als der Diffusionskoeffizient von Methanol bei gleicher Temperatur; die Unterschiede sind jedoch gering. Abgesehen von einem deutlich abweichenden Ausreißer zeigt die Wahl des Alkohols keinen Einfluss auf den Wasserdiffusionskoeffizienten.

Den direkten Vergleich der angepassten Diffusionskoeffizienten von Wasser, Methanol und Ethanol in Nafion® 115 und in Nafion® 117 zeigen Abb. 4.37 und Abb. 4.38.

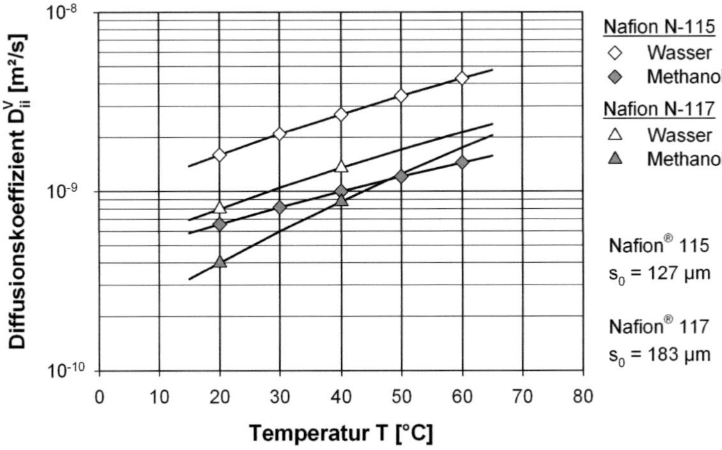

Abb. 4.37: Diffusionskoeffizienten von Wasser und Methanol in Nafion®. Die Symbole entsprechen den Temperaturen, bei denen eine Anpassung der Diffusionskoeffizienten vorgenommen wurde, die durchgezogenen Linien den berechneten Diffusionskoeffizienten nach Gl. (4.8) mit den Parametern aus Abb. A 14.1 im Anhang A 14.

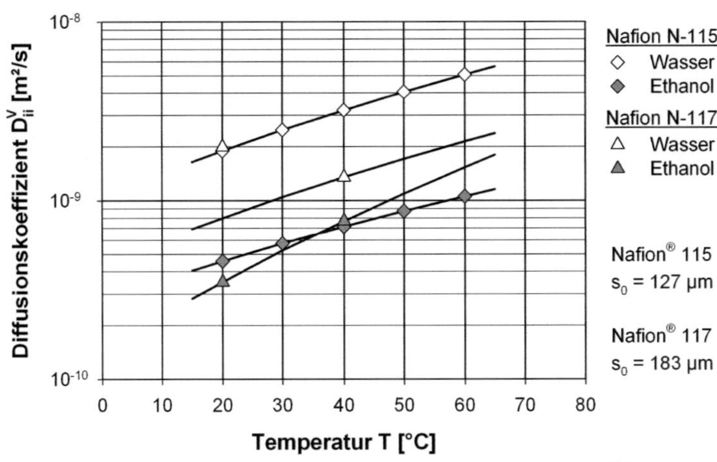

Abb. 4.38: Diffusionskoeffizienten von Wasser und Ethanol in Nafion®. Die Symbole entsprechen den Temperaturen, bei denen eine Anpassung der Diffusionskoeffizienten vorgenommen wurde, die durchgezogenen Linien den berechneten Diffusionskoeffizienten nach Gl. (4.8) mit den Parametern aus Abb. A 14.1 im Anhang A 14.

Trotz identischer Vorbehandlung der verwendeten Polymermembranen sind die Diffusionskoeffizienten von Wasser in dem verwendeten Nafion® 117 deutlich niedriger als in Nafion® 115. Für Methanol und Ethanol wurden bei 40°C annähernd gleiche Diffusionskoeffizienten bestimmt, bei niedrigeren Temperaturen liegen die Diffusionskoeffizienten der Alkohole in Nafion® 117 wieder unter den entsprechenden Werten in Nafion® 115.

Grund für die unterschiedlichen Transportparameter könnten Unterschiede in der Polymerstruktur des Ionomers sein. Schon bei der Betrachtung des Phasengleichgewichtsverhaltens in Abschnitt 4.3 wurde festgestellt, dass das hier verwendete Nafion® 117 eine wesentlich geringere Wasser- und Alkoholaufnahme zeigt, als das verwendete Nafion® 115 (vergl. Abb. 4.12 und Abb. 4.16). Eine geringere Lösemittelaufnahme könnte durch eine höhere Vernetzungsdichte der Polymerstruktur verursacht werden, was auch die niedrigeren Diffusionskoeffizienten erklären würde. Da alle Membranproben der gleichen Vorbehandlung unterzogen wurden, ist anzunehmen, dass die Unterschiede in der Polymerstruktur auf den Herstellungsprozess zurückzuführen sind.

Für die modellhafte Beschreibung von Brennstoffzellensystemen stellen die signifikanten Unterschiede im Phasengleichgewichtsverhalten und in den Transporteigenschaften verschiedener Nafion®-Membranen einen großen Unsicherheitsfaktor dar. Für eine zuverlässige Simulation ist es daher nötig, jede neue Membrancharge hinreichend genau zu charakterisieren. Die im Rahmen der vorliegenden Arbeit entwickelte Messtechnik bietet hier gegenüber den konventionellen Methoden (vergl. Abschnitt 1.2) eine deutliche Zeitersparnis und eine gesteigerte Präzision der gewonnenen Messdaten.

Um die Genauigkeit der Bestimmung von Diffusionskoeffizienten in vernetzen Polymeren weiter zu steigern, und insbesondere auch die Konzentrationsabhängigkeit näher zu untersuchen, wurde als Abschluss der vorliegenden Arbeit die lokale Messung der Beladungsprofile von Wasser und Alkohol um eine integrale Bestimmung der Lösemittelpermeationsraten mittels FT-IR-Spektroskopie ergänzt. Die Kombination beider Messtechniken ermöglicht eine direkte Bestimmung von Diffusionskoeffizienten ohne Beeinflussung durch das Phasengleichgewicht und – im Idealfall – den gasseitigen Stoffübergang. Im folgenden Abschnitt werden erste Untersuchungsergebnisse mit dieser neuen Kombination von lokaler und integraler Messtechnik für das Stoffsystem Wasser-Methanol-Nafion® vorgestellt und diskutiert.

4.5 Kombination von lokaler und integraler Messtechnik

Der veränderte Versuchsaufbau für die Kopplung der konfokalen Mikro-Raman-Spektroskopie mit einer integralen Messung der Stoffstromdichten von Wasser und Alkohol durch eine Brennstoffzellenmembran wurde bereits in Abschnitt 2.1 erläutert. Die Bestimmung der Permeationsraten von Wasser und Alkohol erfolgt durch Bilanzierung der Gasphase zwischen Ein- und Austritt des speziellen Strömungskanals (siehe Gl. (2.1)). Am Kanaleintritt ist die Luft lediglich mit Wasser vorbeladen, die Bestimmung des Wassergehalts erfolgt daher kontinuierlich mit Hilfe eines Präzisionstaupunktspiegels (*Michell Instruments S4000*). Am Kanalaustritt enthält die Luft Wasser und Alkohol; die Luftzusammensetzung wird hier mit Hilfe eines FT-IR-Spektrometers bestimmt.

Bei der Installation des FT-IR-Spektrometers hat sich gezeigt, dass vor allem der repräsentativen Gasprobennahme am Kanalaustritt eine wichtige Bedeutung zukommt. Messungen an unterschiedlichen Positionen der Querschnittsfläche des Kanalaustritts liefern aufgrund der kaum vorhandenen Durchmischung der laminaren Konzentrationsgrenzschicht zum Teil stark abweichende Gaszusammensetzungen. Um eine ausreichende Durchmischung des Gasstroms zu gewährleisten, wurde ein statischer Mischer zwischen Kanalaustritt und Probennahme geschaltet.

Eine besondere Herausforderung für die Kombination der lokalen Raman-Messtechnik mit einer selektiven, integralen Messmethode stellte die Kalibrierung des FT-IR-Spektrometers dar. Hierzu wurde noch gegen Ende der vorliegenden Arbeit ein Kalibrierstand geplant und aufgebaut. Mit Hilfe von verschiedenen Massendurchflussreglern und zwei Sättigern (einer für Wasser und einer für den jeweiligen Alkohol) können an diesem Versuchsstand Gasgemische mit unterschiedlicher Zusammensetzung erzeugt und durch die speziell angefertigte Gasdurchflusszelle des FT-IR-Spektrometers geleitet werden. Die Kalibrierung und anschließende Spektrenauswertung erfolgt innerhalb der vom Spektrometerhersteller BRUKER mitgelieferten Mess- und Auswertesoftware OPUS 6.5. Als Kalibrier- und Auswerteroutine wird unter der Voraussetzung der Gültigkeit des Lambert-Beer'schen Gesetzes die Prozedur „QUANT Lambert-Beer" verwendet. Eine Übersicht über die einzelnen Kalibriergeraden zeigt Abb. A 15.1 im Anhang A 15.

Um eine kontinuierliche Bestimmung aller für die Bestimmung der Permeationsraten benötigten Messdaten zu ermöglichen, wurde ein Messwerterfassungsprogramm in der Programmierumgebung *LabView* erstellt. Dieses Messprogramm beinhaltet durch die Kommunikation mit der Spektrometersoftware OPUS insbesondere auch die kontinuierliche Erfassung der Wasser- und Alkholkonzentrationen am Austritt des Strömungskanals. Bei bekanntem Luftmassenstrom und bekannter Lösemittelbeladung am Kanaleintritt lassen sich daraus nach Gleichung (2.1) zu jedem Zeitpunkt die Stoffstromdichten von Wasser und Alkohol durch die Membran berechnen.

Da sich die Kombination von lokaler und integraler Messtechnik in besonderem Maße dazu eignet, die Konzentrationsabhängigkeit der Diffusionskoeffizienten von Wasser und Alkohol in Nafion$^{®}$ zu untersuchen, wurden die Versuche mit den dickeren Nafion$^{®}$ 117-Membranen durchgeführt. Aufgrund des höheren membranseitigen Stofftransportwiderstands mit zunehmender Polymerdicke sind die Lösemittelbeladungen an der Phasengrenze zur Gasphase bei gleichem Stoffstrom geringer als bei einer Nafion$^{®}$ 115-Membran. Die bereits bei einigen der zuvor diskutierten Permeationsversuche beobachtete Konzentrationsabhängigkeit der Diffusionskoeffizienten (siehe 4.4.2) kann somit über einen weiten Beladungsbereich untersucht werden. Abb. 4.39 zeigt zunächst die gemessenen Beladungsprofile von Wasser und Methanol bei der Pervaporation durch Nafion$^{®}$ 117 über einen Zeitraum von ca. 2 Tagen. Der Versuch wurde bei einer Temperatur von 40°C und einem Luftvolumenstrom von 150 SLM^{10} - das entspricht einer Membranüberströmung von 6,25 m/s - durchgeführt. Der Methanolmolenbruch in der Flüssigphase oberhalb der Membran wurde auf 2 mol/l eingestellt.

Trotz gleicher Vorbehandlung liegen die Wassergleichgewichtsbeladungen an der Phasengrenze zur Flüssigkeit mit 0,4 Gramm Wasser pro Gramm Polymer deutlich höher als bei den Permeationsexperimenten mit Nafion$^{®}$ 117 in Abschnitt 4.4.2, bei denen die Gleichgewichtsbeladungen bei 0,3 $g_{Wasser}/g_{Polymer}$ lagen (vergl. Abb. 4.32). Aufgrund der höheren Überströmungsgeschwindigkeit (6,25 m/s im Vergleich zu maximal 4 m/s) sind die experimentell bestimmten Beladungsgradienten steiler. Die Beladungsprofile weisen dabei eine <u>leichte Krümmung</u> auf, die auf eine <u>Konzentrationsabhängigkeit</u> des Diffusionskoeffizienten von Wasser in der Membran schließen lässt. Im Verlauf der Messungen ist kaum eine Veränderung der Wasserbeladungsprofile zu beobachten, lediglich die Messungen innerhalb der ersten 3 Stunden nach Versuchsbeginn zeigen eine etwas höhere Beladung an der Membranoberseite, die auf einen geringeren Stoffstrom oder einen größeren Diffusionskoeffizienten hindeuten könnte.

---

^{10} SLM = Standard Liter pro Minute. Die Standardbedingungen zur Umrechnung des Volumenstroms in einen Massen- oder Molenstrom sind wie folgt definiert: $T_{Standard} = 0°C$, $p_{Standard} = 1013{,}25$ mbar.

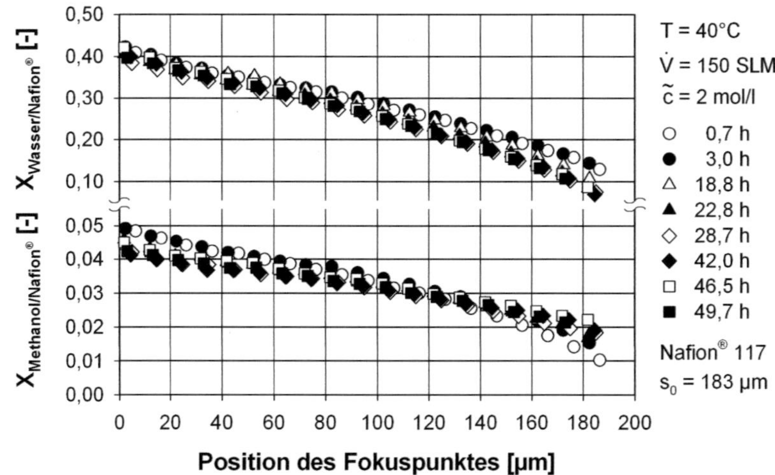

Abb. 4.39: Beladungsprofile von Wasser und Methanol bei der Pervaporation durch eine Nafion® 117-Membran zu unterschiedlichen Zeitpunkten nach Versuchsbeginn.

Für Methanol nehmen die experimentell bestimmten Gleichgewichtsbeladungen in der Membran an der Phasengrenze zur Alkohollösung innerhalb der ersten Stunden von 0,05 auf 0,04 $g_{Methanol}/g_{Polymer}$ ab, obwohl die Methanolkonzentration im Flüssigkeitsreservoir konstant auf 2 mol/l gehalten wurde. Die Beladungsprofile werden im Versuchsverlauf etwas flacher, was eine Verringerung des Permeationsrate oder eine Erhöhung des Alkoholdiffusionskoeffizienten bedeuten könnte. Gleichzeitig ist auch hier wieder eine Krümmung der Profile zu beobachten, die auf eine Konzentrationsabhängigkeit des Methanoldiffusionskoeffizienten hindeutet.

Abb. 4.40 zeigt die mit Gleichung (2.1) aus den kontinuierlichen FT-IR-Messungen berechneten Stoffstromdichten von Wasser und Alkohol durch die Membran. Die schwarz ausgefüllten Punkte markieren die Zeitpunkte der Raman-Messungen in Abb. 4.39. Um auszuschließen, dass Messfehler aufgrund eines zeitabhängigen Drifts der FT-IR-Messtechnik auftreten, wurde die Gasmesszelle des Spektrometers in regelmäßigen Zeitabständen evakuiert, und es wurden neue Referenzspektren aufgenommen.

Sowohl für Wasser als auch für Methanol nehmen die experimentell bestimmten Stoffstromdichten mit zunehmender Versuchsdauer ab. Erst nach ca. 45 bis 50 Stunden bleiben die Permeationsraten konstant. Diese Beobachtung ist unerwartet, da die gemessenen Beladungsprofile eine solch starke Änderung der Permeationsraten nicht vermuten lassen. Dabei muss allerdings berücksichtigt werden, dass die Beladungsprofile nur Aussagen über die lokalen Stoffströme in der Mitte der untersuchten Membran zulassen, während die mit FT-IR gemesse-nen Pervaporationsströme vom Zustand der gesamten Membranfläche beein-flusst werden. Da sich die Beladungsprofile in der Mitte der Membran kaum än-dern (siehe Abb. 4.39), wäre es möglich, dass die Abnahme der Stoffstromdich-ten auf eine Veränderung der übrigen Membranfläche zurückzuführen ist.

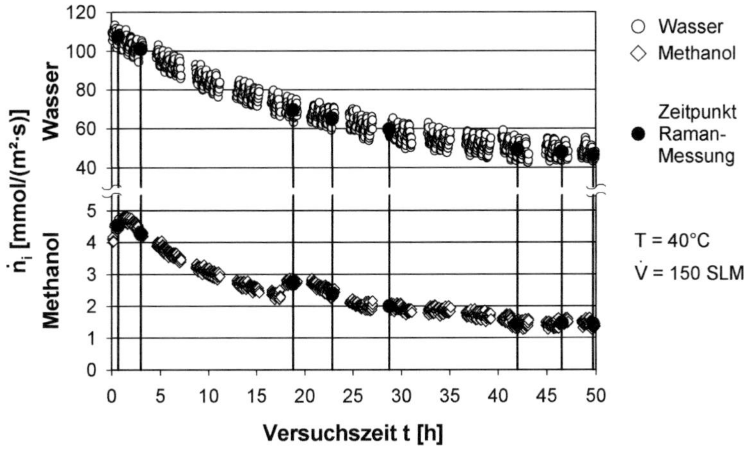

Abb. 4.40: Zeitlicher Verlauf der Wasser- und Methanol-Permeationsraten durch eine Nafion® 117-Membran bei 40°C und einem Luftvolumenstrom von 150 SLM.

Geht man davon aus, dass die Membran direkt nach dem Einbau in die Messzelle eine ausgeglichene Lösemittelbeladung aufweist, die der Lösemittel-beladung an der Phasengrenze zur Flüssigkeit in Abb. 4.39 entspricht, so beträgt die mittlere Gesamtlösemittelbeladung der Membran im Versuch bei den einge-stellten Randbedingungen, aufgrund der sehr steilen Beladungsgradienten, nur etwa zwei Drittel der Ausgangsbeladung. Dies führt zu einer starken Schrump-fung der Membran gegenüber dem Ausgangszustand. Normalerweise würde das Polymer versuchen, die Volumenänderung in alle drei Raumrichtungen aus-zugleichen, da die Membran aber an ihrem äußeren Rand fest eingespannt ist, ergeben sich durch die starke Schrumpfung komplizierte, dreidimensionale Spannungszustände. Es wäre möglich, dass die resultierende Spannungsvertei-lung zu einer Veränderung der Membranstruktur mit gegenüber der Ausgangs-struktur veränderten Stofftransporteigenschaften führt. In der Mitte der Memb-ran ist der Randeinfluss nur gering, daher zeigen die gemessenen Beladungspro-file hier - wie auch bei den Permeationsexperimenten in den vorangegangenen Abschnitten 4.4.1 und 4.4.2 - kaum eine Veränderung. Um die Schrumpfung zu reduzieren, könnte man die Überströmungsgeschwindigkeit verringern oder dünnere Membranen verwenden. In beiden Fallen wäre die Differenz zwischen der Lösmittelbeladung im Gleichgewicht und der mittleren Beladung im Experiment geringer: bei reduzierter Überströmung aufgrund flacherer Beladungsprofile, bei dünneren Membranen aufgrund des geringeren membranseitigen Stofftransportwiderstands. Ziel der hier diskutierten Untersuchungen ist aber die Bestimmung von Diffusionskoeffizienten über einen <u>möglichst weiten Beladungsbereich</u>, der bei gegebener Gleichgewichtsbeladung an der Phasengrenze zur Flüssigkeit nur über ausgeprägte Beladungsgradienten und somit eine starke Schrumpfung des Polymers zugänglich ist.

Da noch keine eindeutige Aussage über die Ursachen der beobachteten Abnahme der Stoffstromdichten getroffen werden kann, müssen die zur Erklärung angeführten Vermutungen in weiterführenden Arbeiten überprüft werden. Denkbar wäre z. B. die Bestimmung von Beladungsprofilen an verschiedenen lateralen Positionen der Membran. Falls die Abnahme der Stoffstromdichten auf Veränderungen der Membranstruktur im Randbereich zurückzuführen ist, müssten sich hier die Beladungsprofile stärker als in der Mitte verändern.

Um aus den gemessenen Beladungsprofilen trotz der vorhandenen Unsicherheiten Diffusionskoeffizienten von Wasser und Methanol in der untersuchten Nafion®-Membran zu bestimmen, wird die erste Messung nach 0,7 Stunden betrachtet. Es ist davon auszugehen, dass eine eventuelle Veränderung der Membranstruktur zu diesem Zeitpunkt am wenigsten fortgeschritten ist, und die Membran daher in lateraler Richtung am ehesten als homogen betrachtet werden kann. Um eine stetige Berechnung der Konzentrationsgradienten von Wasser und Methanol in der Membran zu gewährleisten, werden die gemessenen Profile durch Ausgleichsfunktionen beschrieben. Zusammen mit den Stoffstromdichten aus Abb. 4.40 ergeben sich daraus nach Gleichung (3.33) - unter der Voraussetzung rein Fick'scher Diffusion - die Diffusionskoeffizienten von Wasser und Methanol in der Membran. In Abb. 4.41 werden die so bestimmten Diffusionskoeffizienten mit den entsprechenden Transportparametern aus Abschnitt 4.4 verglichen.

Entsprechend der Krümmung der Beladungsprofile in Abb. 4.39 zeigen die aus der Kombination von FT-IR- und Raman-Messung bestimmten Diffusionskoeffizienten eine deutliche <u>Konzentrationsabhängigkeit</u> bei Gesamtlösemittelbeladungen unterhalb von 0,35 $g_{\text{Lösemittel}}/g_{\text{Polymer}}$. Die Fehlerbalken entsprechen den Grenzfällen rein gasseitig und rein membranseitig limitierter Permeation (vergl. Abschnitt 3.3), die Symbole dem arithmetischen Mittel der Grenzfälle. Die konstanten Diffusionskoeffizienten aus den Permeationsexperimenten in Abschnitt 4.4 wurden über der jeweils maximalen und minimalen Gesamtlösemittelbeladung der zugehörigen Versuchsreihen aufgetragen.

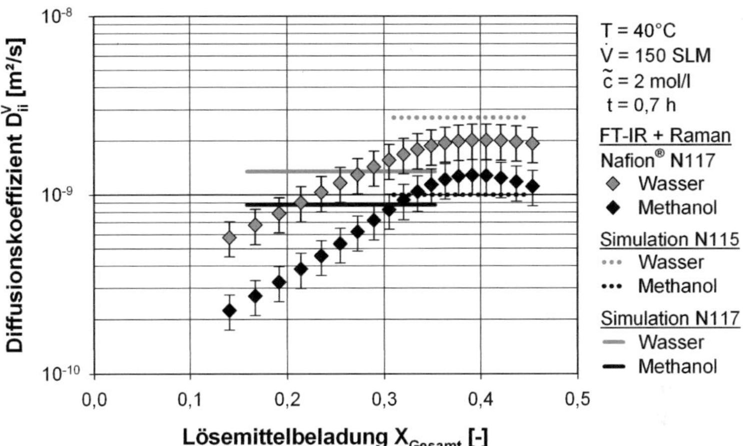

Abb. 4.41: Vergleich der Diffusionskoeffizienten aus Simulationsrechnungen mit den Werten aus der Kombination von integraler und lokaler Messung nach einer Versuchsdauer von 0,7 Stunden.

Zunächst einmal kann festgestellt werden, dass die Diffusionskoeffizienten bei hohen Lösemittelbeladungen Werte in der gleichen Größenordnung annehmen. Der Maximalwert des Wasserdiffusionskoeffizienten aus der kombinierten Messung liegt zwischen den zuvor bestimmten Werten für Nafion® 115 und Nafion® 117 aus den Permeationsversuchen ohne Bilanzierung der Gasphase, wobei die Fehlerbalken fast die gesamte Differenz abdecken. Für Methanol liegt der maximale Diffusionskoeffizient aus der kombinierten Messung über den zuvor bestimmten Werten, wobei die Unterschiede hier insgesamt geringer sind.

In dem Konzentrationsbereich, der bei den Pervaporationsexperimenten mit Nafion® 115 in Abschnitt 4.4.1 bei den gewählten Versuchsbedingungen vorlag, zeigen die aus der Kombination von lokaler und integraler Messung bestimmten Diffusionskoeffizienten nur eine <u>geringe Konzentrationsabhängigkeit</u>. Diese Beobachtung stimmt mit der Erkenntnis aus Abschnitt 4.4.1 überein, wonach sich die gemessenen Beladungsprofile von Wasser und Alkohol in Nafion® 115 bei den eingestellten Versuchsbedingungen gut durch Simulationsrechnungen mit <u>konzentrationsunabhängigen</u> Diffusionskoeffizienten beschreiben lassen. Im Konzentrationsbereich der Permeationsexperimente mit Nafion® 117 in Abschnitt 4.4.2 zeigen die in diesem Abschnitt bestimmten Diffusionskoeffizienten sowohl für Wasser als auch für Methanol eine deutliche <u>Konzentrationsabhängigkeit</u>, die zu einer Krümmung der experimentell bestimmten Beladungsprofile führt. Bei geringen Lösemittelbeladungen sind die in diesem Abschnitt bestimmten Diffusionskoeffizienten daher deutlich kleiner. Dies stimmt mit den Beobachtungen aus Abschnitt 4.4.2 überein, dass sich die gemessenen Beladungsprofile von Wasser und Alkohol in dem untersuchten Nafion$^{®}$ 117 bei hohen Überströmungsgeschwindigkeiten (also hohen Stoffstromdichten und steilen Beladungsgradienten) nur unzureichend durch Simulationsrechnungen mit konzentrationsunabhängigen Diffusionskoeffizienten beschreiben lassen. Für die Simulation von Brennstoffzellensystemen ist demnach die minimale Lösemittelbeladung innerhalb des Polymer-Elektrolyten entscheidend dafür, ob Simulationsrechnungen mit konzentrationsunabhängigen Diffusionskoeffizienten ausreichen, oder ob eine Konzentrationsabhängigkeit zu berücksichtigen ist. Die Untersuchungen im Rahmen der vorliegenden Arbeit lassen den Schluss zu, dass die Konzentrationsabhängigkeit der Diffusionskoeffizienten bei minimalen Gesamtlösemittelbeladungen oberhalb von etwa 0,35 $g_{Lsm}/g_{Polymer}$ vernachlässigt werden kann; darunter sollte eine Konzentrationsabhängigkeit berücksichtigt werden.

Es ist anzunehmen, dass die Verwendung von konzentrationsunabhängigen Diffusionskoeffizienten für die meisten Betriebspunkte einer Direkt-Alkohol-Brennstoffzelle ausreichen, da die Membran über den direkten Kontakt mit flüssigem Wasser und Alkohol auf der Anodenseite immer ausreichend befeuchtet ist. Die Untersuchungen im Rahmen der vorliegenden Arbeit zeigen, dass unter diesen Bedingungen (aufgrund der großen Diffusionskoeffizienten von Wasser und Alkohol) hohe Überströmungsgeschwindigkeiten nötig sind, um signifikante Beladungsgradienten in der Membran zu erzeugen. Anders sieht dies bei Wasserstoff-Brennstoffzellen aus, bei denen der Polymer-Elektrolyt nicht mit flüssigem Lösemittel in Kontakt steht. Hier kann es bei unzureichender Befeuchtung der Gasströme zu einer Austrocknung der Polymer-Membran kommen. Unter diesen Umständen muss dann die Konzentrationsabhängigkeit des Diffusionskoeffizienten berücksichtigt werden. Für die mathematische Beschreibung der Konzentrationsabhängigkeit müssen in weiterführenden Arbeiten entsprechende Modelle entwickelt werden. Mit Hilfe der im Rahmen dieser Arbeit entwickelten Messtechnik lassen sich solche Modelle dann verifizieren.

5 Schluss

5.1 Zusammenfassung der Ergebnisse

Ausgangspunkt dieser Arbeit war die Hypothese, dass sich die Beladungsprofile von Wasser und Alkohol bei der Pervaporation durch Brennstoffzellenmembranen aus Nafion® mit Hilfe von Simulationsrechnungen beschreiben lassen, sofern geeignete Informationen über das Phasengleichgewicht und die Transportparameter der Lösemittel in der Membran vorhanden sind. Durch den Vergleich von gemessenen und berechneten Beladungsprofilen konnte diese Hypothese im Verlauf der vorliegenden Arbeit verifiziert werden. Um dieses Ziel zu erreichen, umfasste die Aufgabenstellung sowohl den Aufbau einer geeigneten Versuchsapparatur als auch die Entwicklung eines entsprechenden Simulationsprogramms.

Für die experimentellen Untersuchungen wurde zunächst ein Versuchsaufbau realisiert, bei dem sich verschiedene Randbedingungen für den transmembranen Stofftransport einstellen lassen. Ähnlich wie in einer Direkt-Alkohol-Brennstoffzelle stehen die untersuchten Membranen dabei auf einer Seite in Kontakt mit einer flüssigen Lösung aus Alkohol und Wasser; auf der anderen Seite werden sie in einem Strömungskanal mit konditionierter Luft überströmt. Die experimentelle Bestimmung der Beladungsprofile erfolgt mit Hilfe der konfokalen Mikro-Raman-Spektroskopie, die auf die speziellen Randbedingungen der Permeationsexperimenten angepasst wurde.

Aufgrund der für Brennstoffzellensysteme typischen, geringen Alkoholkonzentrationen bei den durchgeführten Experimenten mussten für die quantitative Bestimmung der lokalen Probenzusammensetzung aus den gemessenen Raman-Spektren neue, verbesserte Auswertemethoden entwickelt werden. Die gemessenen Spektren werden dabei durch gewichtete Überlagerung der Reinstoffspektren dargestellt. Bei der Bestimmung der Reinstoffspektren wurde insbesondere ein starker Einfluss der Versuchstemperatur und des pH-Wertes auf das Raman-Spektrum von Wasser festgestellt. Dieser Einfluss wird für die Auswertung durch ein temperatur- und pH-Wert-abhängiges Wasserspektrum berücksichtigt. Da sich mit vernetzten Polymermembranen durch einfaches Mischen mit einem Lösemittel keine Proben mit bekannter Zusammensetzung herstellen lassen, wurde außerdem eine neue Methode zur Kalibrierung von Mehrkomponenten-Membransystemen entwickelt. Insgesamt konnte die Zusammensetzungsauflösung durch die neue Spektrenauswertung und Kalibrierung von vormals 20 mg Lösemittel pro Gramm Polymer auf bis zu 0,7 mg Lösemittel pro

Gramm Polymer gesteigert werden. Abbildungsfehler, die im Bereich von Phasengrenzen durch die axiale Ausdehnung des Fokuspunktes der Raman-Messtechnik auftreten können, werden durch neu entwickelte Berechnungsmethoden korrigiert.

Im theoretischen Teil der Arbeit wurde ein Simulationsprogramm zur modellhaften Beschreibung der Beladungsprofile von Wasser und Alkohol bei der Pervaporation durch Polymermembranen entwickelt. Durch die Verwendung spezieller Polymerkoordinaten lässt sich die Quellung des Polymers in alle drei Raumrichtungen berücksichtigen. Die Beschreibung des Stofftransports in der Gasphase erfolgt mit Hilfe von lokalen Stoffübergangskoeffizienten; das ternäre Phasengleichgewicht wird für die untersuchten Stoffsysteme nach einem Literaturmodell von Meyers & Newman (2002) beschrieben. Für den Stofftransport von Wasser und Alkohol in der Membran wird die Gültigkeit des Fick'schen Gesetzes vorausgesetzt.

Nach erfolgreicher Installation der Messtechnik, Verifikation der neuen Auswertemethoden und Fertigstellung der Simulationssoftware wurden Untersuchungen zum Phasengleichgewicht und zur Pervaporation von Wasser und Alkohol durch verschieden dicke Nafion$^{®}$-Membranen (Nafion$^{®}$ 115 und Nafion$^{®}$ 117) durchgeführt. Als Lösemittel wurden Alkohol-Wasser-Mischungen mit Methanol und Ethanol verwendet. Insbesondere für Ethanol finden sich in der Literatur bislang kaum Messdaten, obwohl Ethanol aufgrund der hohen Bioverfügbarkeit ideal für den Einsatz in Brennstoffzellensystemen geeignet ist.

Die Untersuchungen zum Phasengleichgewicht zeigen, dass die Gleichgewichtsbeladungen von Wasser und den verwendeten Alkoholen trotz einheitlicher Vorbehandlung je nach Membrancharge variieren. Die Alkoholbeladungen nehmen im betrachteten Konzentrationsbereich mit steigender Alkoholkonzentration in der angrenzenden Flüssigphase zu. Die Wassergleichgewichtsbeladungen bleiben dabei annähernd konstant; demnach zeigen alle Membranen eine <u>stark selektive Aufnahme des Alkohols</u>. Diese Beobachtung ist äußerst aufschlussreich, da die Selektivität der Alkoholaufnahme von Nafion$^{®}$ in der Literatur bislang sehr kontrovers diskutiert wurde. Durch die Möglichkeit der <u>berührungslosen</u> und <u>selektiven</u> Bestimmung von lokalen Lösemittelbeladungen in einer Membran stellt die im Rahmen der vorliegenden Arbeit entwickelte Messtechnik gegenüber herkömmlichen Messmethoden, die oft sehr aufwendig und zum Teil fehlerbehaftet sind, einen deutlichen Fortschritt dar. Nach entsprechender Anpassung lassen sich die in dieser Arbeit gewonnenen Messdaten gut durch das verwendete Phasengleichgewichtsmodell nach Meyers & Newman (2000) beschreiben, allerdings variieren die Gleichgewichtsbeladungen verschiedener Membranchargen so stark, dass unterschiedliche Werte für die Modellparameter benötigt werden.

Bei den Pervaporationsexperimenten wurden zunächst die Alkoholkonzentrationen im Bereich von 0 bis ca. 2 mol/l variiert, Versuchstemperatur und Überströmungsgeschwindigkeit wurden dabei konstant gehalten. Entsprechend des ternären Phasengleichgewichts nehmen die Alkoholbeladungen mit zunehmender Alkoholkonzentration in der angrenzenden Flüssigphase zu und die gemessenen Alkoholbeladungsprofile werden steiler. Die Beladungsprofile von Wasser bleiben im betrachteten Konzentrationsbereich nahezu unbeeinflusst. Der Einfluss der Temperatur wurde bei konstanter Alkoholkonzentration und Membranüberströmung im Temperaturbereich zwischen 20°C und 60°C untersucht. Hier nehmen die Beladungsgradienten in der Membran sowohl für Wasser als auch für Methanol bzw. Ethanol mit steigender Temperatur zu. Die Temperaturabhängigkeit der Diffusionskoeffizienten ist demzufolge geringer als die Temperaturabhängigkeit der Permeationsströme aufgrund des steigenden Lösemittelpartialdrucks auf der Gasseite der Membran. Zuletzt wurde der Einfluss der Membranüberströmung bei konstanter Temperatur und Alkoholkonzentration für Überströmungsgeschwindigkeiten von 0,5 m/s bis 4 m/s untersucht. Aufgrund des mit zunehmender Überströmung abnehmenden Stofftransportwiderstands in der Gasphase nehmen die Permeationsraten mit steigender Überströmungsgeschwindigkeit zu; die experimentell bestimmten Beladungsprofile werden entsprechend steiler. Selbst bei der maximalen Überströmungsgeschwindigkeit von 4 m/s ist die Gasseite der Membran aber immer noch mit Wasser und Alkohol beladen; die Pervaporation wird demnach bei den in dieser Arbeit untersuchten Randbedingungen sowohl durch den Stofftransportwiderstand der Membran als auch durch den Stofftransportwiderstand in der Gasphase limitiert.

Für Nafion® 115 lassen sich die gemessenen Beladungsprofile von Wasser und Alkohol für <u>alle</u> untersuchten Versuchsparameter durch Simulationsrechnungen mit <u>konzentrationsunabhängigen</u> Diffusionskoeffizienten beschreiben. Bei bekanntem Phasengleichgewicht wurden die Diffusionskoeffizienten durch Minimierung der Abweichungen zwischen gemessenen und berechneten Beladungsprofilen bestimmt. Für die dickeren Nafion® 117-Membranen kommt es bei hohen Überströmungsgeschwindigkeiten zu systematischen Abweichungen zwischen Messung und Rechnung. Die leichte Krümmung der gemessenen Beladungsprofile deutet hier auf eine <u>Konzentrationsabhängigkeit</u> der Diffusionskoeffizienten <u>bei geringen Gesamtlösemittelbeladungen</u> der Membran hin. Ein Vergleich der angepassten Diffusionskoeffizienten zeigt, dass die Diffusionskoeffizienten in dem untersuchten Nafion® 117 deutlich niedriger sind als in Nafion® 115. Dies korreliert mit dem ternären Phasengleichgewicht; hier zeigen die

Nafion® 115-Membranen eine deutlich höhere Lösemittelaufnahme, die auf eine geringere Vernetzungsdichte des in dieser Arbeit verwendeten Nafion® 115 gegenüber dem verwendeten Nafion® 117 hindeutet. Durch die geringere Vernetzungsdichte entsteht mehr freies Polymervolumen, das sowohl für die höhere Lösemittelaufnahme als auch für die höheren Diffusionskoeffizienten verantwortlich sein könnte.

Für die modellhafte Beschreibung von Brennstoffzellensystemen stellen die Unterschiede im Phasengleichgewichtsverhalten und in den Transporteigenschaften verschiedener Nafion®-Membranen einen großen Unsicherheitsfaktor dar. Für eine zuverlässige Simulation muss daher jede neue Membrancharge hinreichend genau charakterisiert werden. Die im Rahmen der vorliegenden Arbeit entwickelte Messtechnik bietet hier gegenüber den konventionellen Methoden eine deutliche Zeitersparnis und eine gesteigerte Präzision der gewonnenen Messdaten.

Als Abschluss der vorliegenden Arbeit wurde die Versuchsanlage so erweitert, dass sich zusätzlich zu den gemessenen Lösemittelkonzentrationsprofilen die Permeationsraten der Lösemittel durch die jeweilige Membran ermitteln lassen. Die Bestimmung der Permeationsraten von Wasser und Alkohol erfolgt durch Bilanzierung der Gasphase zwischen Ein- und Austritt des Strömungskanals. Am Kanaleintritt ist die Luft lediglich mit Wasser vorbeladen, die Bestimmung des Wassergehalts erfolgt daher kontinuierlich mit Hilfe eines Präzisionstaupunktspiegels. Am Kanalaustritt enthält die Luft Wasser <u>und</u> Alkohol; die Luftzusammensetzung wird daher mit Hilfe eines FT-IR-Spektrometers bestimmt. Durch die Kombination von lokaler und integraler Messtechnik lassen sich auch <u>konzentrationsabhängige</u> Diffusionskoeffizienten mehrerer Lösemittel in einer Polymermembran <u>direkt</u> aus dem Quotienten von Stoffstromdichte und Konzentrationsgradient bestimmen; aufwendige Simulationsrechnungen entfallen.

Nach erfolgreicher Integration der Messtechnik in den vorhandenen Versuchsaufbau und entsprechender Kalibrierung wurden erste Messungen für das Stoffsystem Methanol-Wasser-Nafion® 117 durchgeführt. Bei hohen Gesamtlösemittelbeladungen liegen die so bestimmten Diffusionskoeffizienten in der gleichen Größenordnung wie die konzentrationsunabhängigen Diffusionskoeffizienten, die zuvor aus dem Vergleich von gemessenen Beladungsprofilen mit Simulationsrechnungen bestimmt wurden; bei geringen Beladungen zeigt sich eine deutliche Konzentrationsabhängigkeit, die schon bei einigen der zuvor durchgeführten Permeationsexperimente mit Nafion® 117 vermutet wurde.

Da die mit FT-IR bestimmten Permeationsraten von Wasser und Methanol über einen Zeitraum von ca. 50 Stunden abnehmen, sich die gemessenen Beladungsprofile in der Mitte der Membran dabei aber kaum verändern, bestehen allerdings noch gewisse Restunsicherheiten bezüglich der neuen, kombinierten Messtechnik, die in weiterführenden Arbeiten ausführlicher untersucht werden müssen.

5.2 Ausblick

Die im Rahmen der vorliegenden Arbeit entwickelte Messtechnik und die zugehörigen Auswertemethoden werden bereits für viele weitere Forschungsarbeiten am Institut verwendet. So ermöglicht die neue Spektrenauswertung z. B. die Bestimmung der Weichmacherverteilung in Schutzfolien für LCD-Flachbildschirme oder die Analyse der Feststoffverteilung in Blutzuckerteststreifen. In weiterführenden Arbeiten sollen dadurch neue Erkenntnisse über den Stofftransport nicht-flüchtiger Komponenten in Polymersystemen gewonnen werden. Im Rahmen des DFG-Schwerpunktprogramms SPP 1259 „Intelligente Hydrogele" wird die Messtechnik dazu verwendet, das Phasengleichgewicht und die Transporteigenschaften von physikalisch vernetzten Polyvinylalkohol-Membranen zu untersuchen. Hierzu soll insbesondere auch der gegen Ende dieser Arbeit entwickelte Versuchsaufbau mit FT-IR-Messtechnik verwendet werden. Wie die Voruntersuchungen in Abschnitt 4.5 gezeigt haben, bedarf es dazu noch einer genaueren Betrachtung der Spannungszustände in den untersuchten Membranen durch lokale Schrumpfung und deren Auswirkungen auf Membranstruktur und Stofftransport. Wenn hier ein ausreichendes Verständnis vorliegt, eignet sich die Messtechnik auch hervorragend für die experimentelle Untersuchung der Mehrkomponenten-Diffusion in Membran-Trennprozessen.

Im Bereich der Brennstoffzellenforschung besteht neben der Analyse neuer Membranmaterialien ein großes Interesse, den Einfluss von elektroosmotischen Schleppströmen auf den Stofftransport von Wasser und Alkohol in Polymer-Elektrolyt-Membranen zu untersuchen. Hierfür wäre es denkbar, Messungen direkt in einer laufenden Brennstoffzelle durchzuführen. Um eine Aussparung der Diffusions- und Katalysatorschichten am Messpunkt zum Eindringen des Laserfokus in die Membran zu vermeiden, könnte eine „offene Brennstoffzelle" verwendet werden, bei der die protonenleitende Verbindung von Anode und Kathode aus einem flüssigen Elektrolyten zwischen zwei einseitig mit Katalysator beschichteten Membranen besteht. Der flüssige Elektrolyt könnte dann als Immersionsmedium dienen und die Bestimmung von Wasser und Alkohol-Beladungsprofilen bei unterschiedlichen Lastfällen der Brennstoffzelle ermöglichen. Überlegungen hierzu sind Gegenstand aktueller Forschungsarbeiten am Institut.

6 Literaturverzeichnis

Andreadis G, Tsiakaras P (**2006**). *Ethanol Crossover and direct ethanol PEM fuel cell performance modeling and experimental validation*, Chemical Engineering Science 61, 7497-7508

Atkins PW (**1996**). *Physikalische Chemie, Zweite Auflage*, VCH, Weinheim

Bass M, Freger V (**2006**). *An experimental study of Schroeder's paradox in Nafion and Dowex polymer electrolytes*, Desalination 199 (1-3), 277-279

Bernardi DM and **Verbrugge** MW (**1991**). *Mathematical Model of a Gas Diffusion Electrode Bonded to a Polymer Electrolyte*, AIChE Journal 37 (8), 1151-1163

Bernardi DM and **Verbrugge** MW (**1992**). *A Mathematical Model of the Solid-Polymer-Electrolyte Fuel Cell*, Journal of the Electrochemical Society 139 (9), 2477-2491

Bird RB, **Stuart** WE, **Lightfoot** EN (**1960**). *Transport Phenomena*, John Wiley and Sons Inc., New York

Bissinger A (**2002**). *Modellierung der Mehrkomponentendiffuson bei der Trocknung von lösungsmittelhaltigen Polymerbeschichtungen*, Diplomarbeit, Institut für Thermische Verfahrenstechnik, Universität Karlsruhe (TH)

Brauer H (**1971**). *Stoffaustausch* Verlag Sauerländer, Anrau und Frankfurt am Main

Bronstein, Semendjajew, Musiol, Mühlig (**1999**). *Taschenbuch der Mathematik*, Verlag Harri Deutsch, Frankfurt am Main, Thun

Choi P und **Datta** R (**2003**). *Sorption in proton exchange membranes*, Journal of the Electrochemical Society, 150 (12) E601-E607

Cornet N, Beaudoing G, Gebel G (**2001**). *Influence of the structure of sulfonated polyimide membranes on transport properties*, Separation and Purification Technology, 22-23, 681-687

Cruickshank J, Scott K (**1998**). *The degree and effect of methanol crossover in the direct methanol fuel cell*, Journal of Power Sources 70 (1), 40-47

Deabate S, Fatnassi R, Sistat P et al. (**2008**). *In situ confocal-Raman measurement of water and methanol concentration profiles in Nafion membrane under cross-transport conditions*, J. Power Sources, 176 (1), 39-45

Everall NJ (**2000**). *Modeling and Measuring the Effect of Refraction on the Depth Resolution of Confocal Raman Microscopy*, Applied Spectroscopy, Volume 54, Number 6

Fick, A (**1855**). *Ueber Diffusion*, Annalen der Physik 170 (1), 59-86

Flory PJ (**1953**). *Principles of Polymer Chemistry*, Cornell University Press, Ithaca, New York

Freger V, Korin E, Wisniak J and Korngold E (**2000**). *Measurement of sorption in hydrophilic pervaporation: sorption modes and consistency of the data*, Journal of Membrane Science, 164, 251

Fuller EN, Schettler PD, Giddings JC (**1966**). *A new Method of Prediction of binary Gas-Phase Diffusion Coefficients*, Ind. Eng. Chem, 58 (5)

Fushinobu K, Shimizu K, Miki N et al. (**2006**). *Optical measurement technique of water contents in polymer membrane for PEFCs*, J. Fuel Cell Sci. Tech. 3, 13-17

GFU – Gesellschaft für Unterhaltungs- und Kommunikationselektronik, CE-MIX - Consumer Electronics Markt Index 2008, www.gfu.de/home/download.xhtml

Gates CM und **Newman** J (**2000**). *Equilibrium and Diffusion of Methanol and Water in a Nafion 117 Membrane*, AIChE Journal 46 (10), 2076-2085

Geiger AB, Newman J, Prausnitz JM (**2001**). *Phase Equilibria for Water-Methanol Mixtures in Perfluorosulfonic-Acid Membranes*, AIChE Journal 47 (2), 445-452

Gierke TD, Munn GE, Wilson FC (**1981**). *The morphology in Nafion perfluorinated membrane products, as determined by wide- and small-angle x-ray studies*, Journal of Polymer Science, Polymer Physics Edition 19 (11), 1687-1704

Gmehling J, **Onken** U, **Arlt** W (**1982**). *Vapor-Liquid Equilibrium Data Collection, Aqueous-organic Systems (Supplement 1)*, Chemistry Data Series, Vol. I, Part 1a

Gusler GM, Cohen Y (**1994**). *Equilibrium swelling of highly crosslinked polymeric resins*, Industrial & Engineering Chemistry Research 33, 2345-2357

Hallinan Jr. DT, Elabd YA (**2007**). *Diffusion and Sorption of methanol and water in Nafion using Time-Resolved Fourier Transform Infrared-Attenuated Total Reflectance Spectroscopy*, J. Phys. Chem. B 111 (46), 13221-13230

Hartley GS & **Crank** J (**1949**). *Some Fundamental Definitions and Concepts in Diffusion Processes*, Transactions of the Faraday Society 45 (9), 801-818

Hillaire A., Favre E (1998). *Thermodynamic consistency test for equilibria involving cross-linked polymers*, AlChE Journal 44, 1200-1206

Hinatsu JT, Mizuhata M, Takenaka H (**1994**). *Water Uptake of Perfluorosulfonic Acid Membranes from Liquid Water and Water Vapor*, Journal of the Electrochemical Society 141 (6), 1493-1497

Hinzel A., Barragan VM (**2000**). *A review of the state-of-the-art of the methanol* crossover *in direct methanol fuel cells*, Journal of Power Sources 84 (1), 70-74

Huguet P, Sistat P, Deabate S, Petit E (**2006**). *In situ confocal-RAMAN imagery of ion and solvent transport through an ion-exchange membrane*, Desalination 2000 (1-3), 173-174

Jeck S (**2008**). Persönliche Mitteilung

Kim M-H, Glinka CJ, Grot SA, Grot WG (**2006**). *SANS study of the effects of water vapor sorption on the nanoscale structure of perfluorinated sulfonic acid (NAFION) Membranes*, Macromolecules 39, 4775-4787

Klippstein C (**2006**). *Untersuchungen zum Stofftransport in DMFC-Brennstoffzellen mit Hilfe der Inversen-Mikro-Raman-Spektroskopie (IMRS)*, Diplomarbeit, Institut für Thermische Verfahrenstechnik, Universität Karlsruhe (TH)

Krenn J (**2005**). *Untersuchungen zum Stofftransport in Brennstoffzellenmembranen mit Hilfe der Inversen-Mikro-Raman-Spektroskopie (IMRS)*, Diplomarbeit, Institut für Thermische Verfahrenstechnik, Universität Karlsruhe (TH)

Krishna R, Standart GL (**1976**). *A multicomponent Film Model incorporating a general Matrix Method of Solution of the Maxwell-Stefan Equation*, AIChE Journal 22

Kulikovsky AA (**2003**). *Analytical model of the anode side of DMFC: the effect of non-Tafel kinetics on cell performance*, Electrochemistry Communications 5 (7), 530-538

Li X, Roberts EPL, Holmes SM (**2006**). Evaluation of composite membranes for direct methanol fuel cells, Journal of Power Sources 154 (1), 115-123

Li H, Tang Y, Wang Z, Shi Z, Wu S et al. (**2008**). *A review of water flooding issues in the proton exchange membrane fuel cell*, Journal of Power Sources 178, 103-117

Lu GQ, Liu FQ, Wang CY (**2005**). *Water Transport through Nafion 112 Membrane in DMFCs*, Electrochemical and Solid State Letters 8 (1), A1-A4

Mächtel M (**2007**). *Untersuchungen zum Stofftransport in Brennstoffzellen-Membranen mit Hilfe der Mikro-Raman-Spektroskopie*, Diplomarbeit, Institut für Thermische Verfahrenstechnik, Universität Karlsruhe (TH)

Majsztrik PW, Satterfield MB, Bocarsly AB, Benziger JB (**2007**). *Water sorption, desorption and transport in Nafion membranes*, Journal of Membrane Science 301, 93-106

Matic H, Lundblad A, Lindbergh G et al. (**2005**). *In Situ micro-Raman on the membrane in a working PEM cell*, Electrochem. Solid-State Lett., 8 (1), A5-A7

Mauritz KA, Moore RB (**2004**). *State of understanding of Nafion*, Chem. Rev. 104 (10), 4535-4586

Maxwell JC (**1867**). *On the Dynamical Theory of Gases*, Philosophical Transactions of the Royal Society of London 157, 49-88

Meyers JP & **Newman** J (**2002**). *Simulation of the Direct Methanol Fuel Cell - I. Thermodynamic Framework for a Multicomponent Membrane*, Journal of the Electrochemical Society 149 (6), A710-A717

Meyers JP & **Newman** J (**2002**). *Simulation of the Direct Methanol Fuel Cell - II. Modeling and Data Analysis of Transport and Kinetic Phenomena*, Journal of the Electrochemical Society 149 (6), A718-A728

Meyers JP & **Newman** J (**2002**). *Simulation of the Direct Methanol Fuel Cell - III. Design and Optimization*, Journal of the Electrochemical Society 149 (6), A729-A735

Mills R (**1973**). *Self-diffusion in normal and heavy water in the range 1-45°*, J. Phys. Chem. 77 (5), 685-688

Musty JWG, Pattle RE, Smith PJA (**1966**). *The swelling of rubber in liquid and vapour (Schroeder's Paradox)*, J. Appl. Chem. 16, 221-222

Neburchilov V, Martin J, Wang H, Zhang J (**2007**). *A review of polymer electrolyte membranes for direct methanol fuel cells*, Journal of Power Sources 169, 221-238

Onishi LM, Prausnitz JM, Newman J (**2007**). *Water-Nafion Equilibria. Absence of Schroeder's Paradox*, J. Phys. Chem. B 111, 10166-10173

Onsager, L (**1945**). *Theories and Problems of liquid Diffusion*, Annals of the New York Academy of Sciences 46 (5), 241-265

Page KA, Landis FA, Phillips AK, Moore RB (**2006**). SAXS Analysis of the thermal relaxation of anisotropic morphologies in oriented Nafion membranes. Macromolecules 39, 3939-3946

Paul DR (**1976**). *The solution-diffusion model for swollen membranes*, Separation and Purification Methods, 5, 33

Perrin JC, Lyonnard S, Volino F (**2007**). *Quasielastic Neutron Scattering study of water dynamics in hydrated Nafion membranes*, J. Phys. Chem. C. 111 (8), 3393-3404

Reimert R, **Schaub** G (**2005**). *Brennstoffe für Brennstoffzellen und zukünftige Antriebssysteme*, Skript zur Vorlesung, Engler-Bunte-Institut Bereich Gas, Erdöl und Kohle, Universität Karlsruhe (TH)

Ren X, Springer TE, Gottesfeld S (**2000**). *Water and Methanol Uptakes in Nafion Membranes and Membrane Effects on Direct Methanol Cell Performance*, Journal of the Electrochemical Society 147 (1), 92-98

Ren X, Springer TE, **Zawodzinski** TA, Gottesfeld S (**2000**). *Methanol Transport through Nafion Membranes - Electroosmotic Drag Effects on Potential Step Measurements*, Journal of the Electrochemical Society 147 (2), 466-474

Rollet A-L, Diat O, Gebel G (**2002**). *A new insight into Nafion structure*, J. Phys. Chem. B 21, 3033-3036

Rubatat L, Rollet A-L, Gebel G, Diat O (**2002**). *Evidence of elongated polymeric aggregates in Nafion*, Macromolecules 35, 4050-4055

Rubatat L, Gebel G, Diat O (**2004**). *Fibrillar structure of Nafion:Matching Fourier and real space studies of corresponding films and solutions*, Macromolecules 37, 7772-7783

Schabel W (**2004**). *Trocknung von Polymerfilmen – Messung von Konzentrationsprofilen mit der Inversen-Mikro-Raman-Spektroskopie*, Dissertation, Universität Karlsruhe (TH), Institut für Thermische Verfahrenstechnik

Schabel W, Scharfer P, Müller M, Ludwig I, Kind M (**2005**). *Concentration Profile Measurements in Polymeric coatings during drying by means of Inverse-Micro-Raman-Spectroscopy (IMRS)*, Raman Update Horiba Jobin Yvon, No. 3, 1-3

Scharfer P, Schabel W, Kind M (**2007**). *Mass transport measurements in membranes by means of in situ Raman spectroscopy - First results of methanol and water profiles in fuel cell membranes*, J. Membr. Sci. 303 (1-2), 37-42

Scharfer P, Schabel W, Kind M (**2008**). *Modelling of alcohol and water diffusion in fuel cell membranes-Experimental validation by means of in situ Raman spectroscopy*, Chemical Engineering Science 63 (19), 4676-4684

Schlögl R (**1966**). *Membrane Permeation in Systems far from Equilibrium*, Berichte der Bunsengesellschaft 70 (4), 400-414

Schlünder E-U (**1984**). *Einführung in die Stoffübertragung*, Georg Thieme Verlag, Stuttgart

Schmidt-Rohr K & **Chen** Q (**2008**). Parallel cylindrical water nanochannels in Nafion fuel-cell membranes, Nature Materials 7, 75-83

Schroeder Paul von (**1903**). *Über Erstarrungs- und Quellungseigenschaften von Gelatine*, Zeitschrift für Physikalische Chemie 45, 75-117

Schultz T, Zhou S, Sundmacher K (**2001**). *Current Status of and Recent Developments in the Direct Methanol Fuel Cell*, Chemical Engineering and Technology 24 (12), 1223-1233

Schultz T (**2004**). *Experimental and Model-based Analysis of the Steady-state and Dynamic Operating Behaviour of the Direct Methanol Fuel Cell (DMFC)*, Dissertation, Universität Magdeburg

Schultz T, Sundmacher K (**2005**). *Rigorous dynamic model of a direct methanol fuel cell based on Maxwell-Stefan mass transport equations and a Flory-Huggins activity model: Formulation and experimental validation*, Journal of Power Sources 145 (2), 435-462

Scott K, Taama WM, Argyropoulos P, Sundmacher K (**1999**). *The impact of mass transport and methanol crossover on the direct methanol fuel cell*, Journal of Power Sources 83 (1-2), 204-216

Siebke A (**2003**). *Modellierung und numerische Simulation der Direktmethanol-Brennstoffzelle*, Fortschritt-Berichte VDI, Reihe 3 Nr. 786 (Dissertation, Universität Stuttgart)

Skou E, Kauranen P, Hentschel J (**1997**). *Water and methanol uptake in proton conducting Nafion® membranes*, Solid State Ionics 97 (1-4), 333-338

Springer TE, Zawodzinski TA, Gottesfeld S (**1991**). *Polymer Electrolyte Fuel Cell Model*, Journal of the Electrochemical Society 138 (8), 2334-2342

Tanaka , T (**1978**). *Collapse of gels and critical endpoint*, Physical review letters 40 (12), 820-823

Thampan T, Malhotra S, Tang H, Datta R (**2000**). *Modeling of Conductive Transport in Proton-Exchange Membranes for Fuel Cells*, Journal of the Electrochemical Society 147 (9), 3242-3250

Tsai CE, Hwang BJ (**2007**). *Intermolecular interactions between Methanol/Water Molecules and Nafion Membrane: an Infrared Spectroscopy Study*, Fuel Cells 7 (5), 408-416

Tsonos C, Apekis L, Pissis P (**2000**). *Water sorption and dielectric relaxation spectroscopy studies in hydrated Nafion® (-SO3K) membranes*, Journal of Material Science 35, 5957-5965

Vallieres C, Winkelmann D, Roizard D, Favre E, Scharfer P, Kind M (**2006**). *On Schroeder's paradox*, Journal of Membrane Science 278 (1/2), 357-364

van der Heijden PC, Rubatat L, Diat O (**2004**). *Orientation of drawn Nafion at molecular and mesoscopic scales*, Macromolecules 37, 5327-5336

Vigier F, Coutanceau C, Perrard A, Belgsir EM, Lamy C (**2004**). *Development of anode catalysts for a direct ethanol fuel cell*, Journal of Applied Electrochemistry 34 (4), 439-446

Wagner GR (**2000**). *Trocknung lösungsmittelhaltiger Polymerbeschichtungen*, Dissertation, Institut für Thermische Verfahrenstechnik, Universität Karlsruhe (TH)

Walrafen GE (**1967**). *Raman Spectral Studies of the Effects of Temperature on Water Structure*, Journal of Chemical Physics 47 (1), 114-126

Weber AZ & **Newman** J (**2004**). *Transport in Polymer-Electrolyte Membranes*, Journal of the Electrochemical Society 151 (2), A311-A325

Wedler G (**1997**). *Lehrbuch der Physikalischen Chemie*, Wiley-VCH, Weinheim

Wijmans JG, Baker RW (**1995**). *The solution-diffusion model: a review*, Journal of Membrane Science, 107, 1

Yeo SC & **Eisenberg** A (**1977**). *Physical Properties and Supermolecular Structure of Perfluorinated Ion-Containing (Nafion) Polymers*, Journal of Applied Polymer Science 21, 875-898

Yeo RS & **Yeager** HI (**1985**) in: B.E. Conway, R.E. White, J. O'M Bockris (Eds.), *Modern Aspects of Electrochemistry*, vol. 16, Plenum Press, New York, 437–504

Zawodzinski Jr. TA, Neeman M, Sillerud LO et al. (**1991**). *Determination of water diffusion coefficients in perfluorosulfonate ionomeric membranes*, J. Phys. Chem. 95, 6040-6044

Zawodzinski Jr TA, Derouin C, Radzinski S, Sherman RJ, van Smith T, Springer TE, Gottesfeld S (**1993**). *Water Uptake by and Transport through Nafion 117 Membranes*, Journal of the Electrochemical Society 140 (4), 1041-1047

Zhou Y (**2008**). *Vergleichende Charakterisierung der Trocknung verschiedener polymerer Modellstoffsysteme*, Diplomarbeit, Institut für Thermische Verfahrenstechnik, Universität Karlsruhe (TH)

Im Rahmen der vorliegenden Arbeit am Institut für Thermische Verfahrenstechnik durchgeführte Diplom- und Studienarbeiten

Krenn J (**2005**). *Untersuchungen zum Stofftransport in Brennstoffzellenmembranen mit Hilfe der Inversen-Mikro-Raman-Spektroskopie (IMRS)*, Diplomarbeit, Institut für Thermische Verfahrenstechnik, Universität Karlsruhe (TH)

Winkelmann D (**2005**). *Untersuchung des Quellverhaltens vernetzter Polymere in der Gas- und in der Flüssigphase*, Studienarbeit, Institut für Thermische Verfahrenstechnik, Universität Karlsruhe (TH) und Laboratoire des Sciences du Génie Chimique, Ecole Nationale Supérieure des Industries Chimique, Institut National Polytechnique de Lorraine, Nancy, Frankreich

Klippstein C (**2006**). *Untersuchungen zum Stofftransport in DMFC-Brennstoffzellen mit Hilfe der Inversen-Mikro-Raman-Spektroskopie (IMRS)*, Diplomarbeit, Institut für Thermische Verfahrenstechnik, Universität Karlsruhe (TH)

Mächtel M (**2007**). *Untersuchungen zum Stofftransport in Brennstoffzellen-Membranen mit Hilfe der Mikro-Raman-Spektroskopie*, Diplomarbeit, Institut für Thermische Verfahrenstechnik, Universität Karlsruhe (TH)

Jeck S (**2007**). *Untersuchungen zum Quellverhalten und Stofftransport in vernetzten Polymeren*, Diplomarbeit, Institut für Thermische Verfahrenstechnik, Universität Karlsruhe (TH)

Zhou Y (**2008**). *Vergleichende Charakterisierung der Trocknung verschiedener polymerer Modellstoffsysteme*, Diplomarbeit, Institut für Thermische Verfahrenstechnik, Universität Karlsruhe (TH)

Eigene Veröffentlichungen, Tagungsbeiträge und Vortragseinladungen zum Stofftransport in Brennstoffzellenmembranen und anderen Polymersystemen im Rahmen der vorliegenden Arbeit

<u>**Veröffentlichungen:**</u>

[13] M. Müller, **P. Scharfer**, M. Kind, W. Schabel (**2009**). *A comparison between diffusion coefficients in polymer-solvent systems determined by gravimetric sorption experiments and spectroscopic monitored drying profiles*, Chemical Engineering Processing, eingereicht

[12] J. Krenn, **P. Scharfer**, W. Schabel, M. Kind (**2009**). *Drying of solvent-borne coatings with pre-loaded drying gas*, The European Physical Journal Special Topics 166 (1), 45-48

[11] **P. Scharfer**, W. Schabel, M. Kind (**2008**). *Modelling of alcohol and water diffusion in fuel cell membranes - experimental validation by means of in situ Raman spectroscopy*, Chemical Engineering Science 63 (19), 4676-4684

[10] W. Schabel, M. Müller, **P. Scharfer**, M. Kind, S. Kübler, A. Hartbrich (**2007**). *Mass transfer phenomena in the preparation of optical foils and thin films*, Chemie Ingenieur Technik 79 (9), 1489

[9]   **P. Scharfer**, W. Schabel, M. Kind (**2007**). *Untersuchung des Methanol-Crossovers in Nafion®-Membranen für Direkt-Methanol-Brennstoffzellen*, Chemie Ingenieur Technik 79 (9), 1490-1491

[8]   **P. Scharfer**, W. Schabel, M. Kind (**2007**). *Mass transport measurements in membranes by means of in situ Raman spectroscopy - first results of methanol and water profiles in fuel cell membranes*, Journal of Membrane Science 303 (1-2), 37-42

[7]   W. Schabel, I. Mamaliga, **P. Scharfer**, M. Kind (**2007**). *Sorption Equilibrium and Diffusion Coefficients in ternary polymer-solvent-solvent systems by means of a magnetic suspension balance*, Chemical Engineering Science, 62 (8), 2254-2266

[6]   **P. Scharfer**, J. Krenn, W. Schabel, M. Kind (**2006**). *Investigation of methanol diffusion in Nafion®-membranes for direct methanol fuel cells by means of Inverse Micro Raman Spectroscopy*, Proceedings of the 13th International Heat Transfer Conference, Sydney, 13.-18. August

[5]   C. Vallieres, D. Winkelmann, D. Roizard, E. Favre, **P. Scharfer**, M. Kind (**2006**). *On Schroeder's Paradox*, Journal of Membrane Science 278 (1), 357-364

[4]   W. Schabel, **P. Scharfer**, M. Müller, I. Ludwig, M. Kind (**2005**). *Concentration Profile Measurements in Polymeric coatings during drying by means of Inverse-Micro-Raman-Spectroscopy (IMRS)*, Raman Update Horiba Jobin Yvon, No. 3, 1-3

[3]   M. Müller, **P. Scharfer**, W. Schabel, M. Kind (**2005**). *Untersuchung des Trocknungsprozesses zur Herstellung pharmazeutischer Wirkstoffpflaster und Entwicklung eines Online-Feuchtesensors*, Chemie Ingenieur Technik 77 (8), 1118

[2]   W. Schabel, **P. Scharfer**, M. Müller, I. Ludwig, M. Kind (**2003**). *Messung und Simulation von Konzentrationsprofilen bei der Trocknung binärer Polymerlösungen*, Chemie Ingenieur Technik 75 (9), 1336-1344

[1]   W. Schabel, **P. Scharfer**, M. Kind (**2003**). *Messung und Simulation von Konzentrationsprofilen bei der Trocknung von dünnen Filmen mit Hilfe der Konfokalen-Mikro-Raman-Spektroskopie*, Chemie Ingenieur Technik 75 (8), 1105

<u>Tagungsbeiträge:</u>

[27]   **P. Scharfer**, W. Schabel, M. Kind (**2009**). *Determination of Transport Parameters in Multi-Component Membrane Systems for Low-Temperature Fuel Cell Applications*, Frontiers in Polymer Science, Mainz, 7.-9. Juni (Poster)

[26]   **P. Scharfer**, Y. Zhou, J. Krenn (**2009**). *Influence of the Local Mass Transport in the Gas Phase on the Drying of Thin Polymeric Films*, Frontiers in Polymer Science, Mainz, 7.-9. Juni (Poster)

[25]   S. Kachel, Y. Zhou, **P. Scharfer**, W. Schabel (**2009**). *Water Vapour Sorption and Re-Hydration of Biosensor Films*, Frontiers in Polymer Science, Mainz, 7.-9. Juni (Poster)

[24]   B. Schmidt-Hansberg, F. Buss, S. Jaiser, **P. Scharfer**, M. Klein, A. Colsmann, U. Lemmer, S. Höger, M. Kind, W. Schabel (**2009**). *Phase separation during drying of polymer-fullerene-solutions for polymer solar cells*, Frontiers in Polymer Science, Mainz, 7.-9. Juni (Poster)

[23]   **P. Scharfer**, W. Schabel, M. Kind (**2009**). *Bestimmung von Transportparametern in Mehrkomponenten-Membransystemen für den Einsatz in Niedertemperatur-Brennstoffzellen*, Fachausschuss Wärme- und Stoffübertragung, Bad Dürkheim, 3.-5. März (Vortrag)

[22] **P. Scharfer**, Y. Zhou, J. Krenn (**2009**). *Einfluss des lokalen Stoffüber-gangs in der Gasphase bei der Herstellung dünner organischer Schichten*, Fachausschuss Wärme- und Stoffübertragung, Bad Dürkheim, 3.-5. März (Poster)

[21] B. Schmidt-Hansberg, N. Schnabel, K. Peters, **P. Scharfer**, W. Schabel (**2008**). *Phase separation during the drying process of the photoactive layer in polymer solar cells*, 14th International Coating Science and Technology Symposium der ISCST, 7.-10. September, Marina del Rey CA, USA (Vortrag)

[20] J. Krenn, M. Sojka, **P. Scharfer**, M. Kind, W. Schabel (**2008**). *Surface structures during thin film drying caused by Marangoni convection*, 14th International Coating Science and Technology Symposium der ISCST, 7.-10. September, Marina del Rey CA, USA (Vortrag)

[19] W. Schabel, **P. Scharfer**, M. Müller, J. Krenn, B. Schmidt-Hansberg (**2008**). *Drying Issues and Process Scale up of Solvent Casted Films for Flat Panel Displays and Organic Electronics*, 14th International Coating Science and Technology Symposium der ISCST, 7.-10. September, Marina del Rey CA, USA (Vortrag)

[18] **P. Scharfer**, Y. Zhou, J. Krenn, M. Kind, W. Schabel (**2008**). *Influence of local gas phase mass transport coefficients on the drying rate of polymer films – a fundamental study*, 14th International Coating Science and Technology Symposium der ISCST, 7.-10. September, Marina del Rey CA, USA (Poster)

[17] J. Krenn, **P. Scharfer**, W. Schabel, M. Kind (**2007**). *Oberflächenstruktu-ren bei dünnen Polymerfilmen aufgrund von Marangoni-Konvektion wäh-rend der Trocknung*, Fachausschuss Trocknungstechnik, Jena, 5.-7. März (Poster)

[16] J. Krenn, **P. Scharfer**, W. Schabel, M. Kind (**2007**). *Drying of solvent-borne coatings with pre-loaded drying gas*, 7th European Coating Sympo-sium ECS, 12.-14. September, Paris (Poster)

[15] **P. Scharfer**, W. Schabel, M. Kind (**2007**). *Simulation to design technical film drying processes*, 7th European Coating Symposium ECS, 12.-14. September, Paris (Poster)

[14] **P. Scharfer**, W. Schabel, M. Kind (**2007**). *Untersuchungen zum Einfluss des Protonentransports auf den Stofftransport von Wasser und Alkohol in Nafion[®]-Membranen*, ProcessNet Jahrestagung, Aachen, 7.-9. März (Pos-ter)

[13] **P. Scharfer**, W. Schabel, M. Kind (**2007**). *Untersuchungen zum Einfluss des Protonentransports auf den Stofftransport von Wasser und Alkohol in Nafion®-Membranen*, Fachausschuss Wärme- und Stoffübertragung, Stuttgart, 7.-9. März (Poster)

[12] **P. Scharfer**, W. Schabel, M. Kind (**2007**). *Untersuchungen zum Einfluss des Protonentransports auf den Stofftransport von Wasser und Alkohol in Nafion®-Membranen*, Fachausschuss Energieverfahrenstechnik, Wiesbaden, 26.-27. Februar (Vortrag)

[11] **P. Scharfer**, W. Schabel, M. Kind (**2006**). *Simulation to design technical film drying processes*, 13th International Coating Science and Technology Symposium der ISCST, 9.-13. September, Denver, USA (Poster)

[10] **P. Scharfer**, J. Krenn, W. Schabel, M. Kind (**2006**). *Investigation of methanol diffusion in Nafion®-membranes for direct methanol fuel cells by means of Inverse Micro Raman Spectroscopy*, 13th International Heat Transfer Conference, Sydney, 13.-18. August (Poster)

[9] **P. Scharfer**, J. Krenn, W. Schabel, M. Kind (**2006**). *Untersuchungen zum Stofftransport von Wasser und Methanol in Nafion® 115 mit Hilfe der Inversen-Mikro-Raman-Spektroskopie (IMRS)*, Fachausschuss Wärme- und Stoffübertragung, Frankfurt, 6.-8. März (Poster)

[8] **P. Scharfer**, J. Krenn, W. Schabel, M. Kind (**2006**). *Untersuchungen zum Stofftransport von Wasser und Methanol in Nafion® 115 mit Hilfe der Inversen-Mikro-Raman-Spektroskopie (IMRS)*, Fachausschuss Energieverfahrenstechnik, Wiesbaden, 20.-21. Februar (Vortrag)

[7] M. Müller, **P. Scharfer**, W. Schabel, M. Kind (**2005**). *Untersuchung des Trocknungsprozesses zur Herstellung pharmazeutischer Wirkstoffpflaster und Entwicklung eines Online-Feuchtesensors*, GVC-Jahrestagung, Wiesbaden, 6.-8. September (Poster)

[6] M. Müller, **P. Scharfer**, W. Schabel, M. Kind (**2005**). *Über die Untersuchung des Trocknungsprozesses zur Herstellung pharmazeutischer Wirkstoffpflaster*, Fachausschuss Trocknungstechnik, 9.-11. März, Dresden (Poster)

[5] W. Schabel, **P. Scharfer**, M. Kind (**2005**). *Feuchtemessungen mit Hilfe der Ramanspektroskopie und die Modellierung von Filmtrocknungsprozessen*, Fachausschuss Trocknungstechnik, 9.-11. März, Dresden (Vortrag)

[4]   **P. Scharfer**, W. Schabel, M. Kind (**2005**). *Phasengleichgewichts- und Diffusionskoeffizientenmessung in vernetzten Polymeren mit Hilfe der Inversen-Mikro-Raman-Spektroskopie (IMRS)*, Fachausschuss Wärme- und Stoffübertragung, Jena, 8.-9. März (Poster)

[3]   **P. Scharfer**, W. Schabel, M. Kind (**2005**). *Untersuchung von Stofftransportvorgängen in Direkt-Methanol-Brennstoffzellen (DMFC) mit Hilfe der Inversen-Mikro-Raman-Spektroskopie (IMRS) - Erste Vorversuche*, Fachausschuss Energieverfahrenstechnik, Bad Herrenalb, 7.-9. März (Vortrag)

[2]   M. Müller, **P. Scharfer**, W. Schabel, M. Kind (**2004**). *Investigation of Transdermal Patches using Confocal-Micro-Raman-Spectroscopy*, Proc. International Meeting on Pharmaceutics, Biopharmaceutics and Pharmaceutical Technology, Nürnberg, 15.-18. März (Vortrag)

[1]   W. Schabel, **P. Scharfer**, M. Kind (**2003**). *Messung und Simulation von Konzentrationsprofilen bei der Trocknung von dünnen Filmen mit Hilfe der Konfokalen-Mikro-Raman-Spektroskopie*, GVC-Jahrestagung, Mannheim, 16.-18. September (Vortrag)

<u>Vortragseinladungen:</u>

[10]   **P. Scharfer**, W. Schabel (**2008**). *Simulation of an industrial belt dryer with regard to the gas phase mass transport*, Holst Centre, 3. November, Eindhoven

[9]   **P. Scharfer** (**2008**). *Untersuchungen zum Stofftransport von Wasser und Alkohol in Nafion®-Membranen*, BASF AG, 9. April, Ludwigshafen

[8]   **P. Scharfer** (**2008**). *Simulation of an Industrial Belt Dryer*, MERCK Chemicals, 4. April, Frankfurt am Main

[7]   W. Schabel, **P. Scharfer**, I. Ludwig (**2006**). *Short Course on Drying - Fundamentals*, Fortbildungsseminar über die Grundlagen der Polymerfilmtrocknung, 13th International Coating Science and Technology Symposium der ISCST, 9.-13. September, Denver, USA

[6]   **P. Scharfer** (**2006**). *Stofftransport in Polymermembranen für Direkt-Methanol-Brennstoffzellen*, Vortrag bei der Firma Freudenberg anlässlich der Verleihung des Carl-Freudenberg-Preises an Dr.-Ing. W. Schabel, 27. Juli, Weinheim

[5] **P. Scharfer (2006).** *Untersuchungen zum Stofftransport von Wasser und Methanol in Nafion®-Membranen für Direkt-Methanol-Brennstoffzellen mit Hilfe der Inversen-Mikro-Raman-Spektroskopie (IMRS)*, Gastvortrag am Max-Planck-Institut für Dynamik komplexer technischer Systeme, Magdeburg, 28. Juni

[4] **P. Scharfer (2006).** *Untersuchungen zum Stofftransport von Wasser und Methanol in Nafion®-Membranen für Direkt-Methanol-Brennstoffzellen mit Hilfe der Inversen-Mikro-Raman-Spektroskopie (IMRS)*, Gastvortrag bei der DLR Stuttgart, 23. März

[3] W. Schabel, **P. Scharfer (2005).** *Short Course on Drying - Fundamentals*, Fortbildungsseminar über die Grundlagen der Polymerfilmtrocknung bei der Firma Ilford, 4.-5. November, Fribourg, Schweiz

[2] **P. Scharfer (2005).** *Untersuchung von Stofftransportvorgängen in Direkt-Methanol-Brennstoffzellen (DMFC) mit Hilfe der Inversen-Mikro-Raman-Spektroskopie (IMRS)*, Fraunhofer Institut ISE, 28. Juni, Freiburg

[1] **P. Scharfer (2004).** *Simulation eines industriellen Bandtrockners*, DE-CHEMA-Kolloquium „Trocknung dünner Filme", 4. November, Frankfurt am Main

7 Anhang

A 1   Brennstoffzellentypen

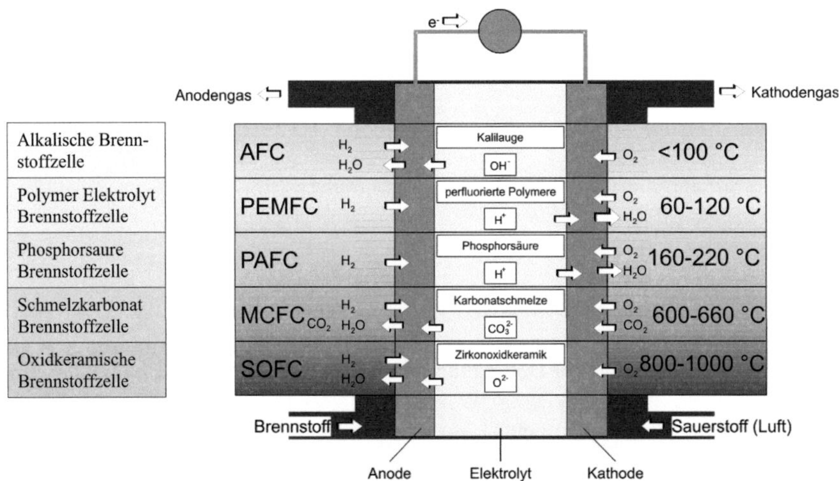

Abb. A 1.1:   Zurzeit diskutierten Brennstoffzellentypen (Reimert & Schaub 2005).

A 2   Anpassung der Raman-Spektren für Ethanol-Wasser-Nafion®

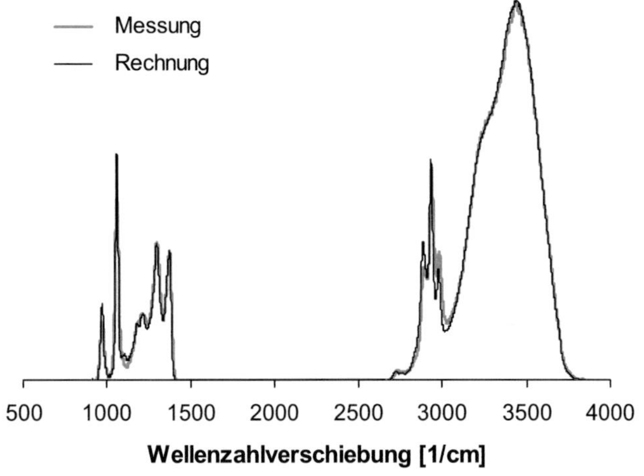

Abb. A 2.1:   Vergleich zwischen gemessenem und zusammengesetztem Spektrum für das Stoffsystem Ethanol-Wasser-Nafion®.

A 3   Wasserbeladungen an verschiedenen Membranpositionen

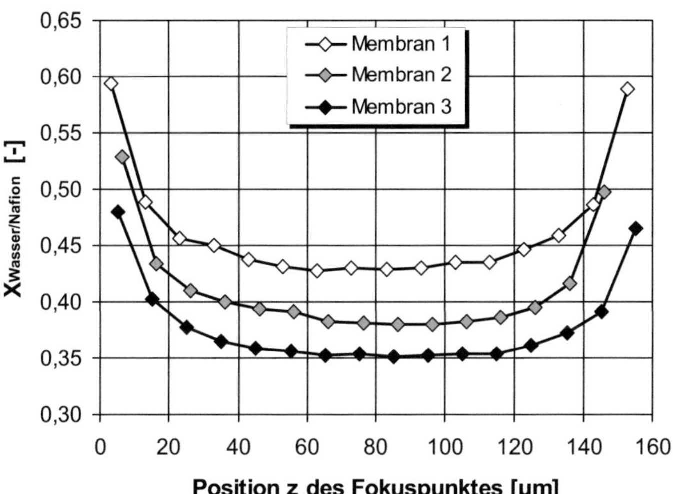

Abb. A 3.1:   Unkorrigierte Wasserbeladungen (vergl. Abschnitt 2.2.4) bei Tiefenscans durch verschiedene in reinem Wasser gequollene Nafion® 115 Membranen.

A 4   Berechnung der Aktivitätskoeffizienten in der Flüssigphase

Für das Stoffsystem Methanol-Wasser werden die Aktivitätskoeffizienten nach Margules mit folgendem Ansatz berechnet:

$$ln(\gamma_{1,Fl}) = \left[A_{1,2} + 2(A_{2,1} - A_{1,2}) \cdot \tilde{x}_{1,Fl}\right] \cdot \tilde{x}_{2,Fl}^2$$
$$ln(\gamma_{2,Fl}) = \left[A_{2,1} + 2(A_{1,2} - A_{2,1}) \cdot \tilde{x}_{2,Fl}\right] \cdot \tilde{x}_{1,Fl}^2$$

(A 4.1)

mit $A_{1,2} = 0{,}8517$ und $A_{2,1} = 0{,}4648$

Für das Stoffsystem Ethanol-Wasser werden die Aktivitätskoeffizienten nach van Laar aus Gleichung (A 4.2) berechnet:

$$ln(\gamma_{1,Fl}) = A_{1,2} \cdot \left(\frac{A_{2,1} \cdot \tilde{x}_{2,Fl}}{A_{1,2} \cdot \tilde{x}_{1,Fl} + A_{2,1} \cdot \tilde{x}_{2,Fl}}\right)^2$$
$$ln(\gamma_{2,Fl}) = A_{2,1} \cdot \left(\frac{A_{1,2} \cdot \tilde{x}_{1,Fl}}{A_{1,2} \cdot \tilde{x}_{1,Fl} + A_{2,1} \cdot \tilde{x}_{2,Fl}}\right)^2$$

(A 4.2)

mit $A_{1,2} = 1{,}7693$ und $A_{2,1} = 0{,}9409$

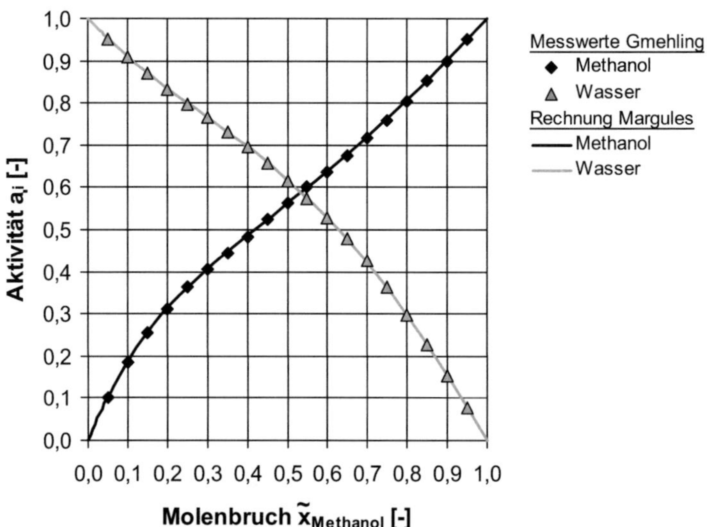

Abb. A 4.1:   *Aktivitäten von Wasser und Methanol als Funktion des Methanolmolenbruchs in der Flüssigphase.*

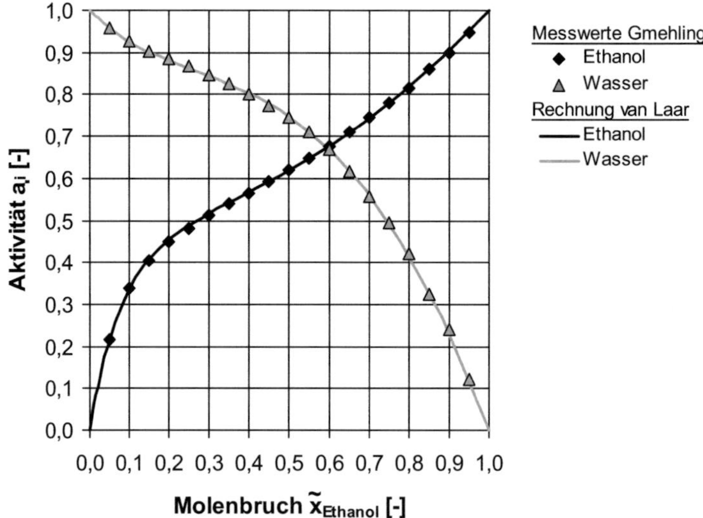

Abb. A 4.2:   *Aktivitäten von Wasser und Ethanol als Funktion des Ethanolmolenbruchs in der Flüssigphase.*

A 5 Berechnung der Stefan-Maxwell-Diffusionskoeffizienten

Folgenden Ansatz zur Berechnung von binären Diffusionskoeffizienten in der Gasphase schlagen Fuller et al. (1966) vor:

$$D_{ij}^{SM} = 1,013 \cdot 10^{-4} \cdot \frac{T^{1,75}}{p} \cdot \left[\left(\sum v_i \right)^{1/3} + \left(\sum v_j \right)^{1/3} \right]^{-2} \cdot \left(\frac{\widetilde{M}_i + \widetilde{M}_j}{\widetilde{M}_i \cdot \widetilde{M}_j} \right)^{1/2} \qquad \text{(A 5.1)}$$

mit: $\quad T \quad$ = Temperatur in Kelvin $\qquad p \quad$ = Druck in mbar

$\qquad \widetilde{M}_i \quad$ = Molmasse in g/mol $\qquad \sum v_i$ = Diffusionsvolumen

Aus dieser Gleichung ergibt sich der Diffusionskoeffizient in der Einheit m²/s. Für die untersuchten Gemische wurden folgende Stoffwerte verwendet:

	Methanol	Ethanol	Wasser	Luft
Molmasse [g/mol]	32,04	46,07	18,02	28,96
Diffusionsvolumen	29,90	50,36	12,70	20,10

Abb. A 5.1:   Parameter zur Berechnung von Diffusionskoeffizienten nach Fuller et al.

A 6 Antoine-Gleichung zur Berechnung der Sattdampfdrücke

Der Sattdampfdruck einer reinen Komponente i kann in Abhängigkeit von der Temperatur mit einer Antoine-Gleichung berechnet werden.

$$log\left(p_i^* / mbar \right) = A_i - B_i / \left(C_i + T/°C \right) \qquad \text{(A 6.1)}$$

Folgende Antoine-Parameter wurden für die Simulationsrechnungen in der vorliegenden Arbeit verwendet:

$\quad$ Methanol: $\quad A_1 = 8,1974 \qquad B_1 = 1574,99 \qquad C_1 = 238,860$

$\quad$ Ethanol: $\quad A_2 = 8,2371 \qquad B_2 = 1592,86 \qquad C_2 = 226,184$

$\quad$ Wasser: $\quad A_3 = 8,19625 \qquad B_3 = 1730,63 \qquad C_3 = 233,426$

A 7   Herleitung des Zusammenhangs zwischen polymermassenbezogenen und volumenbezogenen Diffusionskoeffizienten für ternäre Polymersysteme in Abschnitt 3.3 Gleichung (3.25)

Im volumenbezogenen Koordinatensystem gilt für den flächenbezogenen Massenstrom der Komponente i:

$$j_i^V = \rho_i^V \cdot (u_i - u_V) \quad \Rightarrow \quad u_i - u_V = \frac{j_i^V}{\rho_i^V} \tag{A 7.1}$$

Für $i = P$ erhält man:

$$j_P^V = \rho_P^V \cdot (u_P - u_V) \quad \Rightarrow \quad u_P - u_V = \frac{j_P^V}{\rho_P^V} \tag{A 7.2}$$

Um die Volumengeschwindigkeit u_V zu eliminieren wird die Gleichung (A 7.2) von (A 7.1) abgezogen:

$$(A7.1) - (A7.2) \quad \Rightarrow \quad u_i - u_P = \frac{j_i^V}{\rho_i^V} - \frac{j_P^V}{\rho_P^V} \tag{A 7.3}$$

Im polymermassenbezogenen Koordinatensystem gilt für den flächenbezogenen Massenstrom der Komponente i:

$$j_i^P = \rho_i^V \cdot (u_i - u_P) \quad \Rightarrow \quad u_i - u_P = \frac{j_i^P}{\rho_i^V} \tag{A 7.4}$$

Gleichsetzen von (A 7.3) und (A 7.4) liefert:

$$\frac{j_i^P}{\rho_i^V} = \frac{j_i^V}{\rho_i^V} - \frac{j_P^V}{\rho_P^V} \quad \Rightarrow \quad j_i^P = j_i^V - \frac{\rho_i^V}{\rho_P^V} \cdot j_P^V \tag{A 7.5}$$

Mit $\rho_i^V = X_{i/P} \cdot \rho_P^V$ folgt aus Gleichung (A 7.5):

$$j_i^P = j_i^V - X_{i/P} \cdot j_P^V \tag{A 7.6}$$

Mit der Randbedingung $\sum j_i^V \cdot \hat{V}_i = 0$ folgt für ein ternäres System:

$$j_i^P = j_i^V + X_{i/P} \cdot \left(\frac{\hat{V}_i}{\hat{V}_P} \cdot j_i^V + \frac{\hat{V}_j}{\hat{V}_P} \cdot j_j^V \right) \tag{A 7.7}$$

Mit dem Fick'schen Ansatz im volumenbezogenen Koordinatensystem:

$$j_i^V = -D_{ii}^V \cdot \frac{\partial \rho_i^V}{\partial z} \qquad\qquad (\text{A } 7.8)$$

und dem Fick'schen Ansatz im polymermassenbezogenen Koordinatensystem:

$$j_i^P = -D_{ii}^P \cdot \frac{\partial \rho_i^P}{\partial \zeta} = -D_{ii}^P \cdot \frac{1}{\hat{V}_P} \frac{\partial X_{i/P}}{\partial \zeta} \qquad\qquad (\text{A } 7.9)$$

folgt aus Gleichung (A 7.7):

$$D_{ii}^P \frac{1}{\hat{V}_P} \frac{\partial X_{i/P}}{\partial \zeta} = D_{ii}^V \frac{\partial \rho_i^V}{\partial z} + X_{i/P} \cdot \left(\frac{\hat{V}_i}{\hat{V}_P} \cdot D_{ii}^V \frac{\partial \rho_i^V}{\partial z} + \frac{\hat{V}_j}{\hat{V}_P} \cdot D_{jj}^V \frac{\partial \rho_j^V}{\partial z} \right) \qquad (\text{A } 7.10)$$

Durch Umformung erhält man:

$$D_{ii}^P \frac{\partial X_{i/P}}{\partial \zeta} = \left(\hat{V}_P + X_{i/P}\hat{V}_i \right) \cdot D_{ii}^V \frac{\partial \rho_i^V}{\partial z} + X_{i/P}\hat{V}_i \cdot \frac{\hat{V}_j}{\hat{V}_i} \cdot D_{jj}^V \frac{\partial \rho_j^V}{\partial z} \qquad (\text{A } 7.11)$$

Die Beziehung zwischen dem volumenbezogenen und dem polymermassenbezogenen Koordinatensystem bei der dreidimensionalen Quellung einer Nafion[®]-Membran lautet allgemein:

$$\frac{\partial \zeta}{\partial z} = \left(\rho_P^V \cdot \hat{V}_P \right)^{1/n_z} = \varphi_P^{1/n_z} \qquad\qquad 0 \le n_z \le 1 \qquad\qquad (\text{A } 7.12)$$

Eingesetzt in Gleichung (A 7.11) folgt:

$$D_{ii}^P \frac{\partial X_{i/P}}{\partial \zeta} = \varphi_P^{1/n_z} \left[\left(\hat{V}_P + X_{i/P}\hat{V}_i \right) \cdot D_{ii}^V \frac{\partial \rho_i^V}{\partial \zeta} + X_{i/P} \cdot \hat{V}_i \frac{\hat{V}_j}{\hat{V}_i} D_{jj}^V \frac{\partial \rho_j^V}{\partial \zeta} \right] \qquad (\text{A } 7.13)$$

Weiterhin gilt:

$$\varphi_i = \rho_i^V \hat{V}_i = \frac{\Phi_i}{1 + \Phi_i + \Phi_j} = \frac{X_{i/P}\hat{V}_i}{\hat{V}_P + X_{i/P}\hat{V}_i + X_{j/P}\hat{V}_j}$$

$$\Rightarrow \rho_i^V = \frac{X_{i/P}}{\hat{V}_P + X_{i/P}\hat{V}_i + X_{j/P}\hat{V}_j} \qquad\qquad (\text{A } 7.14)$$

und analog:

$$\varphi_j = \rho_j^V \hat{V}_j = \frac{\Phi_j}{1 + \Phi_i + \Phi_j} = \frac{X_{j/P}\hat{V}_j}{\hat{V}_P + X_{i/P}\hat{V}_i + X_{j/P}\hat{V}_j}$$

$$\Rightarrow \rho_j^V = \frac{X_{j/P}}{\hat{V}_P + X_{i/P}\hat{V}_i + X_{j/P}\hat{V}_j}$$

(A 7.15)

mit φ = Volumenanteil, Φ = Volumenbeladung und X = Massenbeladung

Für die beiden partiellen Ableitungen in Gleichung (A 7.13) erhält man aus (A 7.14) und (A 7.15):

$$\frac{\partial \rho_i^V}{\partial \zeta} = \frac{\dfrac{\partial X_{i/P}}{\partial \zeta}(\hat{V}_P + X_{i/P}\hat{V}_i + X_{j/P}\hat{V}_j) - X_{i/P}\left(\hat{V}_i \dfrac{\partial X_{i/P}}{\partial \zeta} + \hat{V}_j \dfrac{\partial X_{j/P}}{\partial \zeta}\right)}{(\hat{V}_P + X_{i/P}\hat{V}_i + X_{j/P}\hat{V}_j)^2}$$

(A 7.16)

$$\frac{\partial \rho_j^V}{\partial \zeta} = \frac{\dfrac{\partial X_{j/P}}{\partial \zeta}(\hat{V}_P + X_{i/P}\hat{V}_i + X_{j/P}\hat{V}_j) - X_{j/P}\left(\hat{V}_i \dfrac{\partial X_{i/P}}{\partial \zeta} + \hat{V}_j \dfrac{\partial X_{j/P}}{\partial \zeta}\right)}{(\hat{V}_P + X_{i/P}\hat{V}_i + X_{j/P}\hat{V}_j)^2}$$

(A 7.17)

Die Gleichungen (A 7.16) und (A 7.17) können mit Hilfe der Beziehungen:

$$\rho_i^V = X_{i/P} \cdot \rho_P^V, \quad \varphi_i = \rho_i^V \hat{V}_i \quad \text{und} \quad \rho_P^V = \frac{1}{(\hat{V}_P + X_{i/P}\hat{V}_i + X_{j/P}\hat{V}_j)}$$

(A 7.18)

vereinfacht werden:

$$\frac{\partial \rho_i^V}{\partial \zeta} = \rho_P^V\left[(1 - \varphi_i) \cdot \frac{\partial X_{i/P}}{\partial \zeta} - \varphi_i \frac{\hat{V}_j}{\hat{V}_i} \cdot \frac{\partial X_{j/P}}{\partial \zeta}\right]$$

(A 7.19)

$$\frac{\partial \rho_j^V}{\partial \zeta} = \rho_P^V\left[(1 - \varphi_j) \cdot \frac{\partial X_{j/P}}{\partial \zeta} - \varphi_j \frac{\hat{V}_i}{\hat{V}_j} \cdot \frac{\partial X_{i/P}}{\partial \zeta}\right]$$

(A 7.20)

Eingesetzt in Gleichung (A 7.13) erhält man den gesuchten Zusammenhang aus Gleichung (3.25) in Abschnitt 3.3:

$$D_{ii}^{P} \cdot \frac{\partial X_{i/P}}{\partial \zeta} = \varphi_{P}^{1/n_{z}} \left\{ \begin{array}{l} \left[(1-\varphi_{i})(1-\varphi_{j}) \cdot D_{ii}^{V} - \varphi_{i}\varphi_{j} \cdot D_{jj}^{V} \right] \cdot \frac{\partial X_{i/P}}{\partial \zeta} + \\[2mm] \left[\varphi_{i}(1-\varphi_{j}) \frac{\hat{V}_{j}}{\hat{V}_{i}} \cdot \left(D_{jj}^{V} - D_{ii}^{V} \right) \right] \cdot \frac{\partial X_{j/P}}{\partial \zeta} \end{array} \right\}$$

(A 7.21)

A 8 Umformung des Integrals im Nenner von Gleichung (3.40)

$$\int_{0}^{1} \left(1 - \eta^{2} \right)^{1/4} d\eta \qquad \text{Substitution: } \eta = \sin\varphi, \ d\eta = \cos\varphi \cdot d\varphi$$

(A 8.1)

$$\Leftrightarrow \int_{0}^{\pi/2} \sqrt{\cos\varphi} \cdot \cos\varphi \cdot d\varphi = \int_{0}^{\pi/2} (\cos\varphi)^{3/2} d\varphi$$

(A 8.2)

Für die Umformung von Gleichung (A 8.2) wird eine Rekursionsformel für den Kosinus benötigt (Herleitung durch partielle Integration):

$$\int_{0}^{\pi/2} (\cos\varphi)^{n} d\varphi = \left[\frac{1}{n} \cdot \sin\varphi \cdot (\cos\varphi)^{n-1} \right]_{0}^{\pi/2} + \frac{n-1}{n} \int_{0}^{\pi/2} (\cos\varphi)^{n-2} d\varphi$$

(A 8.3)

Damit lässt sich Gleichung (A 8.2) umformen zu:

$$\int_{0}^{\pi/2} (\cos\varphi)^{3/2} d\varphi = \underbrace{\left[\frac{2}{3} \cdot \sin\varphi \cdot (\cos\varphi)^{1/2} \right]_{0}^{\pi/2}}_{=0} + \frac{1}{3} \cdot \int_{0}^{\pi/2} \frac{1}{\sqrt{\cos\varphi}} d\varphi$$

(A 8.4)

Somit gilt für das Ausgangsintegral:

$$\int_{0}^{1} \left(1 - \eta^{2} \right)^{1/4} d\eta = \frac{1}{3} \cdot \int_{0}^{\pi/2} \frac{1}{\sqrt{\cos\varphi}} d\varphi$$

(A 8.5)

Erneute Substitution mit:

$$\cos\varphi = 1 - \sin^{2}\varphi', \ \varphi = \arccos\left(1 - \sin^{2}\varphi' \right), \ d\varphi = \frac{2 \cdot \sin\varphi' \cdot \cos\varphi'}{\sqrt{1 - \left(1 - \sin^{2}\varphi' \right)^{2}}}$$

(A 8.6)

liefert:

$$\frac{1}{3} \cdot \int_0^{\pi/2} \frac{1}{\sqrt{\cos\varphi}} d\varphi = \frac{1}{3} \cdot \int_0^{\pi/2} \frac{2 \cdot \sin\varphi' \cdot \sqrt{1 - \sin^2\varphi'}}{\sqrt{1 - \sin^2\varphi'} \cdot \sqrt{1 - \left(1 - \sin^2\varphi'\right)^2}} d\varphi' \qquad \text{(A 8.7)}$$

Vereinfachung und Ausmultiplizieren des Nenners führen zur Definitionsgleichung des vollständigen elliptischen Integrals 1. Art (Definition siehe z. B. Bronstein et al., 1999) aus Gleichung (3.41).

$$\frac{1}{3} \cdot \int_0^{\pi/2} \frac{1}{\sqrt{\cos\varphi}} d\varphi = \frac{2}{3} \cdot \int_0^{\pi/2} \frac{\sin\varphi'}{\sqrt{1 - 1 + 2 \cdot \sin^2\varphi' - \sin^4\varphi'}} d\varphi'$$
$$= \frac{2}{3} \cdot \int_0^{\pi/2} \frac{1}{\sqrt{2} \cdot \sqrt{1 - 1/2 \cdot \sin^2\varphi'}} d\varphi' = \frac{\sqrt{2}}{3} \cdot \underline{\underline{EllipticK\left[\frac{\sqrt{2}}{2}\right]}} \qquad \text{(A 8.8)}$$

A 9 Einfluss von Temperatur und pH-Wert auf die Raman-Spektren von Methanol und Ethanol

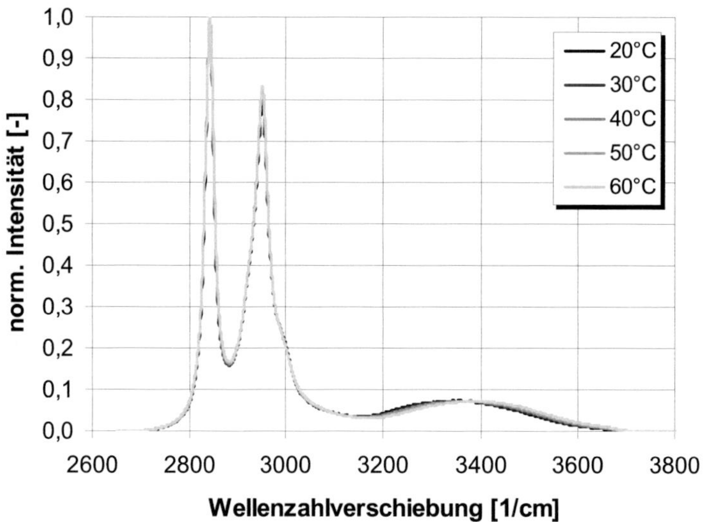

Abb. A 9.1: Einfluss der Temperatur auf das Reinstoffspektrum von Methanol bei Temperaturen zwischen 20°C und 60°C.

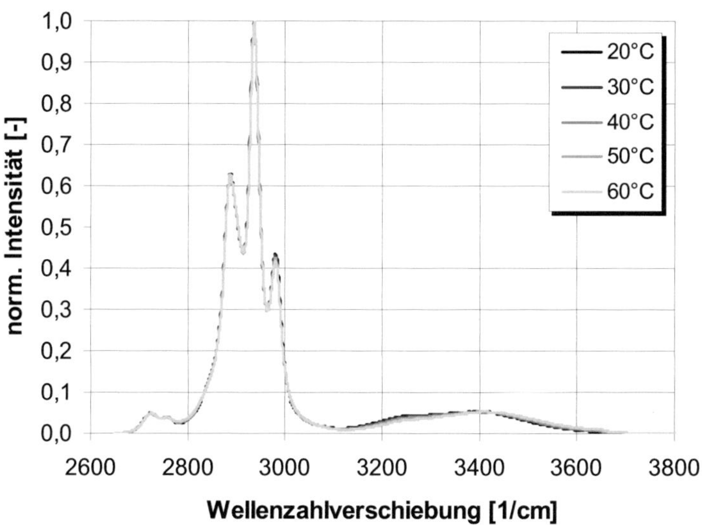

Abb. A 9.2: Einfluss der Temperatur auf das Reinstoffspektrum von Ethanol bei Temperaturen zwischen 20°C und 60°C.

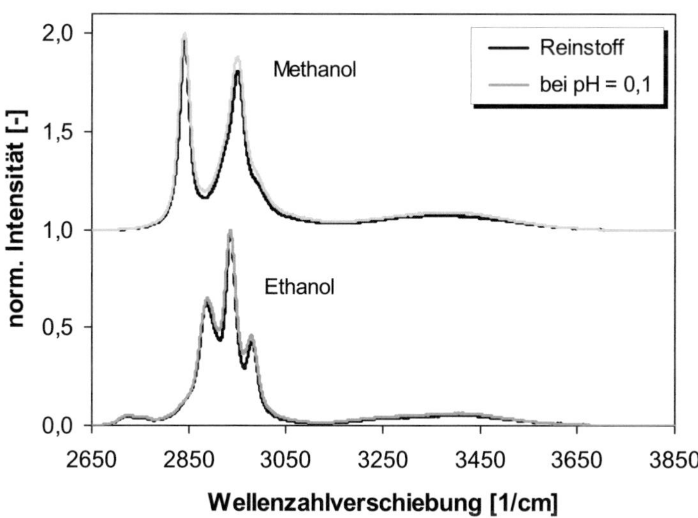

Abb. A 9.3: Einfluss des pH-Werts auf die Raman-Spektren von Methanol und Ethanol bei 40°C.

A 10 Binär ausgewertete Tiefenscans in eine mit Wasser und Ethanol gesättigte Nafion®-Membran

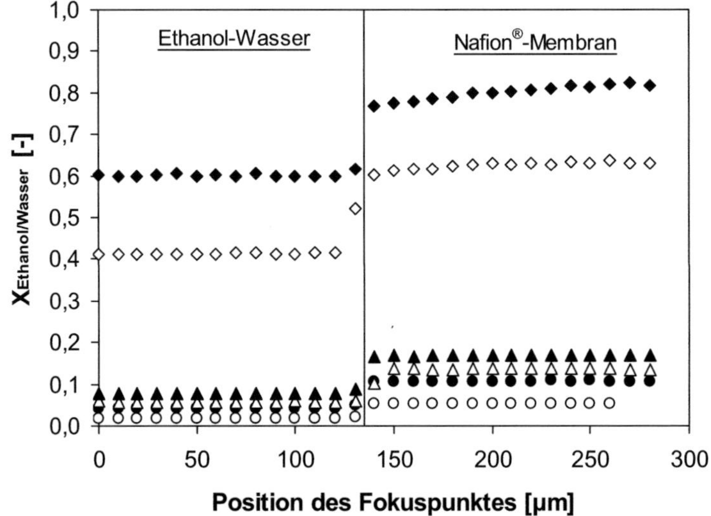

Abb. A 10.1: Massenverhältnis von Ethanol zu Wasser außerhalb und innerhalb einer Nafion®-Membran bei unterschiedlichen Zusammensetzungen der Flüssigphase.

A 11 Extrapolation zur Bestimmung der Gleichgewichtsbeladung

Um das Phasengleichgewichtsverhalten von Nafion®-Membranen in Alkohol-Wasser-Lösungen für die modellhafte Beschreibung der Messdaten zu bestimmen, werden die gemessenen Beladungsprofile im Bereich zwischen 40 und 140 µm durch eine lineare Regression angepasst. Unter Vernachlässigung eines flüssigseitigen Stofftransportwiderstands ergeben sich die Gleichgewichtsbeladungen durch Extrapolation aus dem y-Achsenabschnitt der jeweiligen Regressionsgleichung (siehe Abb. A 11.1).

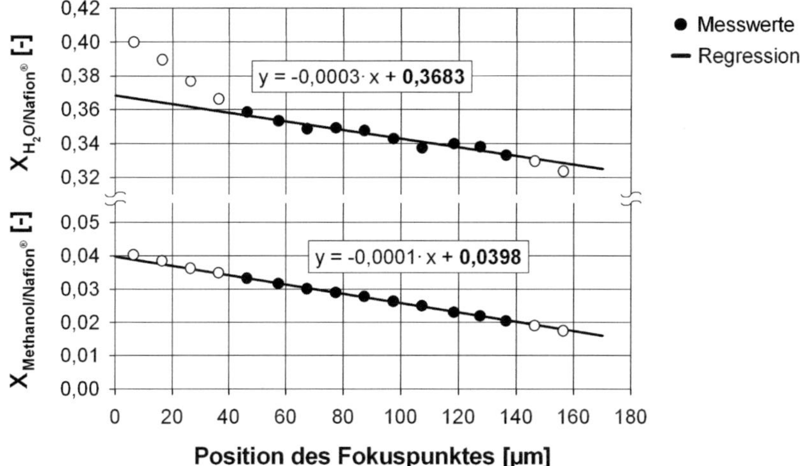

Abb. A 11.1: Lineare Extrapolation gemessener Beladungsprofile zur Bestimmung der Phasengrenzbeladung für die Bestimmung des ternären Phasengleichgewichtsverhaltens von Nafion®-Membranen in Alkohol-Wasser-Lösungen.

A 12 Ternäres Phasengleichgewicht Alkohol-Wasser-Nafion®

Die Beschreibung des ternären Phasengleichgewichts von Methanol oder Ethanol und Wasser in Nafion® erfolgt nach dem Phasengleichgewichtsmodell von Meyers & Newman (2002) (vergl. Abschnitt 3.2). Die folgenden Abbildungen zeigen die berechneten Aktivitäten nach Anpassung der Modellparameter für die Messdaten aus der Diplomarbeit von Mächtel (2007).

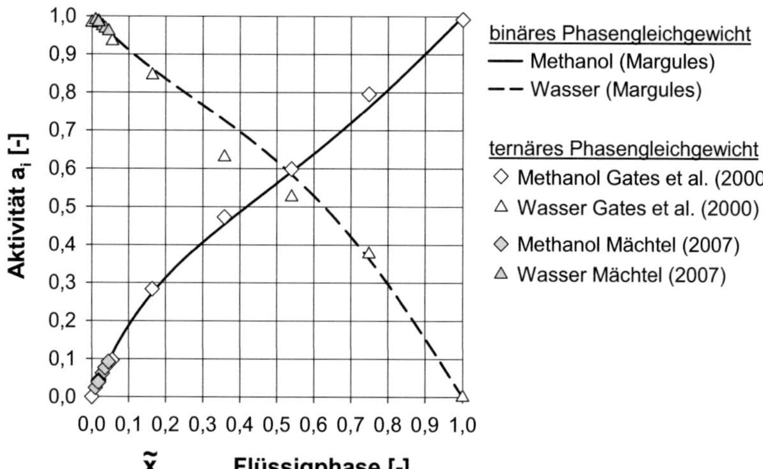

$\tilde{x}_{Methanol}$ **Flüssigphase [-]**

Abb. A 12.1: Aktivität der Lösungsmittelkomponenten im ternären Stoffsystem Methanol-Wasser-Nafion® als Funktion des Methanolmolenbruchs in der Flüssigkeit für die Messdaten aus der Diplomarbeit von Mächtel (2007).

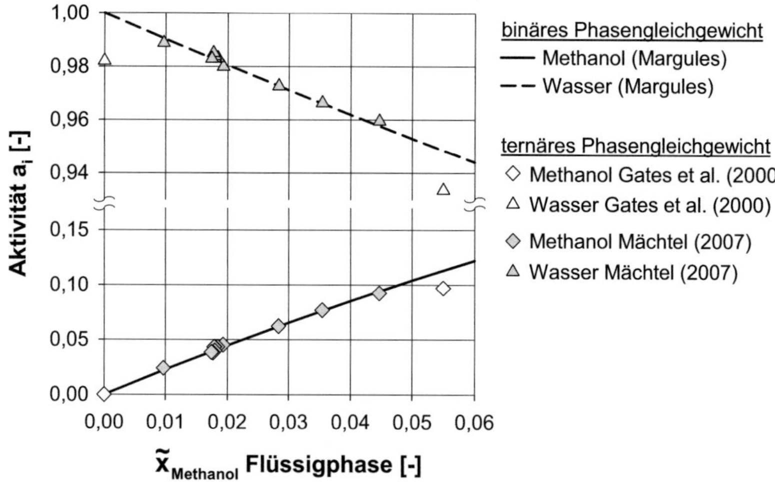

$\tilde{x}_{Methanol}$ **Flüssigphase [-]**

Abb. A 12.2: Aktivität der Lösungsmittelkomponenten im ternären Stoffsystem Methanol-Wasser-Nafion® als Funktion des Methanolmolenbruchs in der Flüssigkeit für die Messdaten aus der Diplomarbeit von Mächtel (2007) - vergrößerte Darstellung.

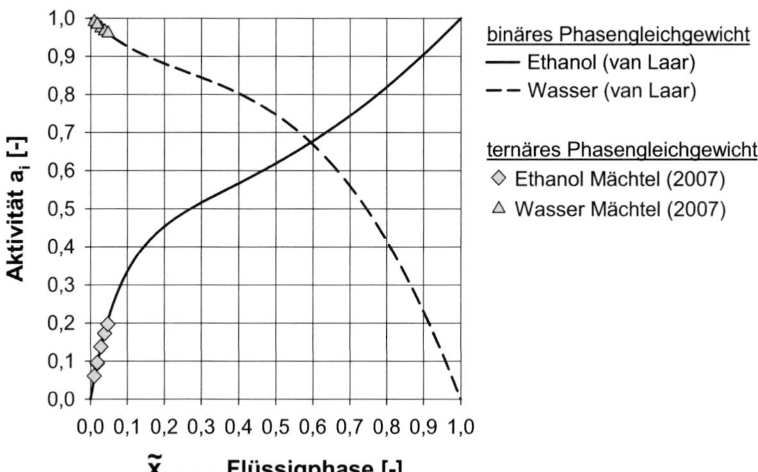

Abb. A 12.3: Aktivität der Lösungsmittelkomponenten im ternären Stoffsystem Ethanol-Wasser-Nafion® als Funktion des Ethanolmolenbruchs in der Flüssigkeit für die Messdaten aus der Diplomarbeit von Mächtel (2007).

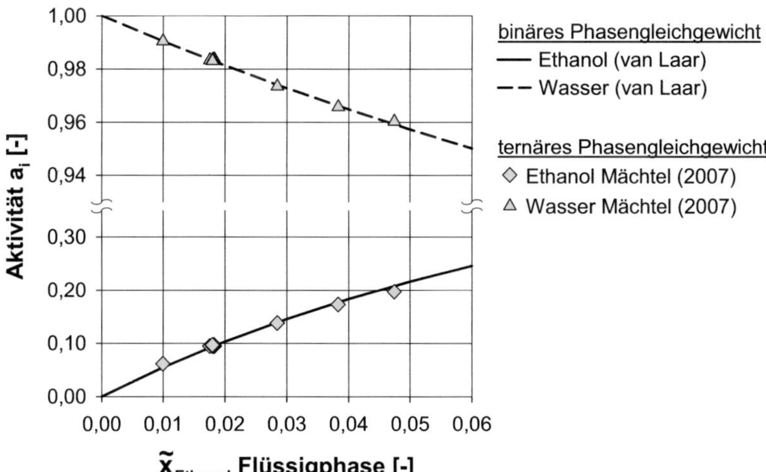

Abb. A 12.4: Aktivität der Lösungsmittelkomponenten im ternären Stoffsystem Ethanol-Wasser-Nafion® als Funktion des Ethanolmolenbruchs in der Flüssigkeit für die Messdaten aus der Diplomarbeit von Mächtel (2007) - vergrößerte Darstellung.

Die folgende Tabelle gibt eine Übersicht über die verwendeten Modellparameter zur Beschreibung des ternären Phasengleichgewichts.

Nafion® in:		Methanol (1) - Wasser (2)		Ethanol (1) - Wasser (2)	
Messdaten aus Arbeit von:		Klippstein	Mächtel	Klippstein	Mächtel
$\tilde{m}_{1_i}^*$	[mol/kg]	0,00	0,00	0,00	0,00
$\tilde{m}_{2_i}^*$	[mol/kg]	20,02	15,88	20,52	17,01
$\lambda_1^* \cdot \exp\left(-\dfrac{\mu_2^0}{\tilde{R}\cdot T}\right)$	[g/mol]	62,23	73,09	101,23	107,61
E_{11}^*	[g/mol]	-21,27	-21,27	-16,01	-16,01
E_{12}^*	[g/mol]	-15,06	-15,06	-11,03	-11,03
E_{22}^*	[g/mol]	-21,72	-29,66	-20,83	-26,65

Abb. A 12.5: Parameter zur Beschreibung des ternären Phasengleichgewichts von Methanol bzw. Ethanol und Wasser in Nafion® nach dem Gleichgewichtsmodell von Meyers & Newman (2002). Die Parameter wurden an Messdaten aus den Diplomarbeiten von Klippstein (2006) und Mächtel (2007) und für Methanol zusätzlich an Literaturdaten von Gates et al. (2000) angepasst.

A 13 Übersicht über die verwendeten Dichten und Trockendicken

Die Dichten von Wasser, Methanol und Ethanol wurden dem VDI-Wärmeatlas 8. Auflage entnommen. Zur Berücksichtigung der Temperaturabhängigkeit wurden die Messdaten im Temperaturbereich von 0°C bis 100°C durch Polynome 2. Grades angepasst. Die Dichte von Nafion® wurde vom Hersteller übernommen. Folgende Korrelationen wurden für die Berechnungen in dieser Arbeit verwendet:

$$\rho_{Wasser} = \left(-0,0038 \cdot T^2 - 0,0485 \cdot T + 1000,3738\right) kg/m^3 \qquad \text{(A 13.1)}$$

$$\rho_{Methanol} = \left(-0,0012 \cdot T^2 - 0,9063 \cdot T + 813,0076\right) kg/m^3 \qquad \text{(A 13.2)}$$

$$\rho_{Ethanol} = \left(-0,0016 \cdot T^2 - 0,8027 \cdot T + 806,8956\right) kg/m^3 \qquad \text{(A 13.3)}$$

$$\rho_{Nafion} = 1967 \, kg/m^3 \qquad \text{(A 13.4)}$$

mit: T = Temperatur in °C

Die Trockendicken von Nafion® 115 und Nafion® 117 wurden ebenfalls den Angaben des Herstellers DuPont™ entnommen. Folgende Werte wurden für die Simulationsrechnungen in dieser Arbeit verwendet:

Nafion® 115: $z_{trocken} = 127$ µm   Nafion® 117: $z_{trocken} = 183$ µm

A 14 Diffusionskoeffizienten für Alkohol und Wasser in Nafion®

Die Diffusionskoeffizienten von Alkohol und Wasser in Nafion® lassen sich über einen weiten Konzentrationsbereich (siehe Abschnitte 4.4.1 bis 4.4.3) als konzentrationsunabhängig betrachten und wie folgt berechnen:

$$D_{ii}^{V}(T) = D_{ii}^{V}(T_{Bezug}) \cdot exp\left[-\frac{E_{A,i}}{\widetilde{R}} \cdot \left(\frac{1}{T} - \frac{1}{T_{Bezug}} \right) \right] \qquad \text{(A 14.1)}$$

mit: T = Versuchstemperatur (in der Exponentialfunktion in Kelvin)

T_{Bezug} = Bezugstemperatur (in der Exponentialfunktion in Kelvin)

$D_{ii}^{V}(T_{Bezug})$ = Hauptdiffusionskoeffizient bei Bezugstemperatur

$E_{A,i}$ = Aktivierungsenergie der Komponente i

$\widetilde{R}$ = allgemeine Gaskonstante

		Alkohollösung: Methanol (1) - Wasser (2)			Ethanol (1) - Wasser (2)	
	Membranmaterial:	Nafion® 115	Nafion® 117		Nafion® 115	Nafion® 117
T_{Bezug}	[°C]	40,0	20,0		40,0	20,0
T_{Bezug}	[K]	313,15	293,15		313,15	293,15
$D_{11}^{V}(T_{Bezug})$	[m²/s]	$1,0 \cdot 10^{-9}$	$4,0 \cdot 10^{-10}$		$7,2 \cdot 10^{-10}$	$3,5 \cdot 10^{-10}$
$E_{A,1}$	[kJ/(mol·K)]	16	30		17	30
$D_{22}^{V}(T_{Bezug})$	[m²/s]	$2,7 \cdot 10^{-9}$	$8,0 \cdot 10^{-10}$		$3,2 \cdot 10^{-9}$	$8,0 \cdot 10^{-10}$
$E_{A,2}$	[kJ/(mol·K)]	20	20		20	20

Abb. A 14.1: Parameter zur Berechnung der temperaturabhängigen Diffusionskoeffizienten von Methanol, Ethanol und Wasser in Nafion®. Die Parameter wurden durch Anpassung von berechneten Beladungsprofilen an Messdaten bestimmt.

A 15 Kalibriergeraden FT-IR-Spektrometer

Zur Überprüfung der Kalibrierung des FT-IR-Spektrometers ist in den folgenden
Abbildungen die aus gemessenen Spektren berechnete Methanol- und Wasser-
konzentration als Funktion der eingestellten Konzentration aufgetragen.

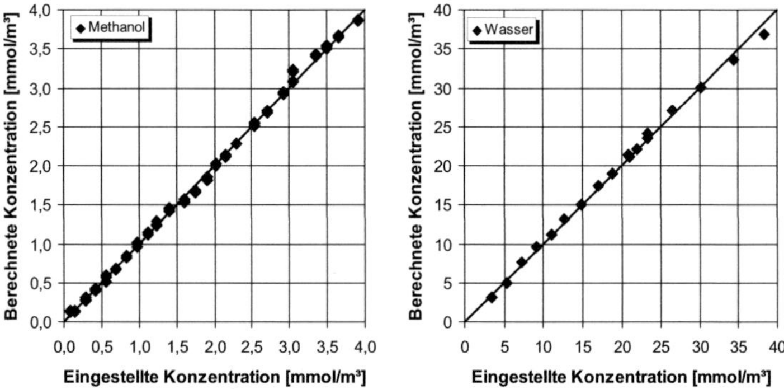

*Abb. A 15.1: FT-IR Kalibriergeraden für Methanol und Wasser in der Gasphase. Die
Daten wurden mit einem BRUKER Tensor 27 Spektrometer gemessen, die Auswertung
erfolgte mit der Auswertemethode „QUANT Lambert-Beer".*